空の辞典

小河俊哉

Foreword

空は地球の息づかい。
地球という大きな生命体は、そこに住む生き物に
さまざまな表情を見せてくれる。
ふと見上げた空が「わぁ！」と思うような表情を見せてくれたとき、
地球が生きていることを直に感じることができる。
たとえば、力みなぎる朝陽、どこまでも澄み渡った青空、
真っ赤に焼ける美しい夕暮れ、しんと静まりかえる月夜……。
そんな空のひとつひとつには、いろんな名前がついている。
あなたがあの日に見た美しい空の名前もきっとこの本の中にあるはず。
さぁ、空の名前を知る旅に出よう。

Contents

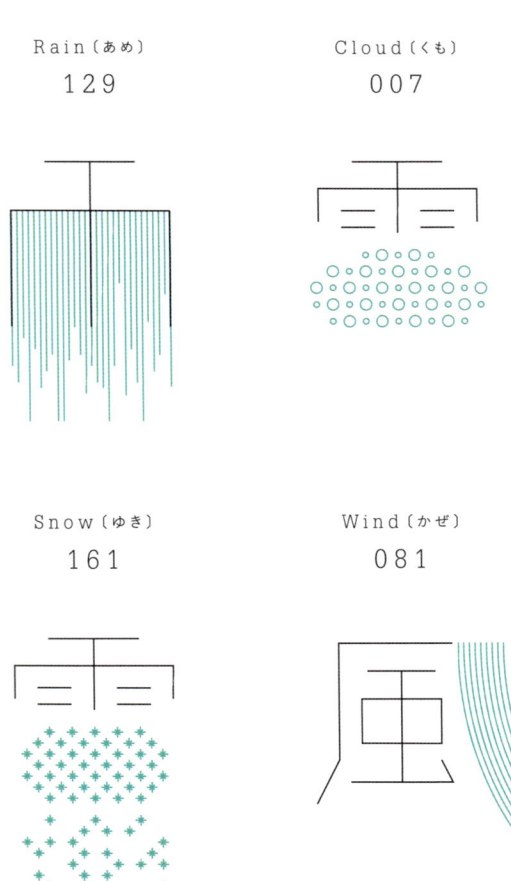

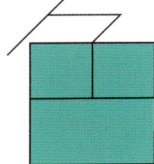

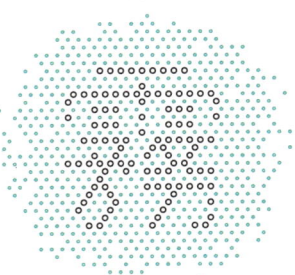

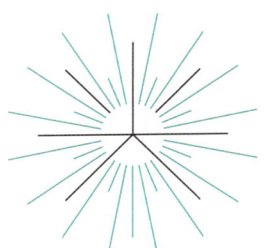

辞

Dictionaries about the sky

典

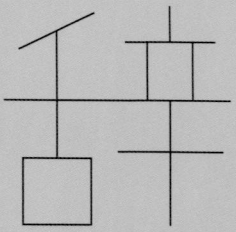

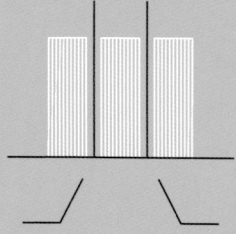

雨

Dictionary

Cloud

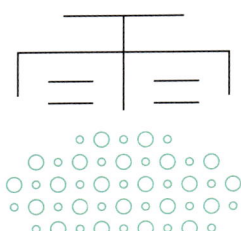

茜雲

akanegumo

朝日や夕日によって、やや黄色みを帯びた赤色に染まる雲。

あばら雲

abaragumo

太い帯状の雲から、毛のような雲が左右に伸びている雲のこと。あばら骨のように見えることから呼ばれている。巻雲の俗称で、筋雲、羽根雲ともいう。

アブラハムの樹

aburahamunoki

直線の雲が何本も並んで放射状に見える放射状雲のこと。ドイツではこのように呼ばれている。

雨雲

amagumo

雨を降らせる雲、または雨気を含んだ雲のこと。乱層雲の俗称。

アーチ雲

achigumo

積乱雲や積雲の雲底にできるアーチ状の雲。突風や大雨、雷、雹などが発生しやすい。世界気象機関で分類された9「副変種」のひとつ。俗称でロール雲ともいう。

凍雲

itegumo/toun

すぐにでも雪が降り出しそうな雲。または寒々とした冬の曇空。

鰯雲

iwashigumo

小さな雲が斑点状、または列状に広がった雲。海を泳ぐ鰯の群れのように見えることから呼ばれている。巻積雲の俗称で、鱗《うろこ》雲、鯖《さば》雲ともいう。

陰雲

inun

空を暗く覆った雲。雨雲。

浮雲

ukigumo

空に浮かび漂っている雲のこと。そのさまから、落ち着きがなく、物事が定まらないことのたとえとしても使われる。

雲形

unkei

世界気象機関では、雲のおおまかな形や高度から分類した基本形の10「類」、形や雲塊で細分化した14「種」、雲の配列や透明度で分類した9「変種」、部分的な特徴や付随する雲を記した9「副変種」を定めている。

薄雲

usugumo

空が白っぽく見える程度に薄く広がった雲のこと。とても薄いものだと雲に覆われていることに気づかないこともある。太陽や月と重なると暈《かさ》ができることがある。巻層雲の俗称。

畝雲

unegumo

何本も連なった波状の雲が、畑の畝のように見えることから呼ばれる。層積雲の俗称で、くもり雲ともいう。

鱗雲

urokogumo

小さな雲が斑点状、またはは列状に広がった雲。魚の鱗のように見えることから呼ばれている。巻積雲の俗称で、鰯《いわし》雲、鯖《さば》雲ともいう。

雲海

unkai

標高の高い山や飛行機などから見下ろしたとき、海のように見える雲のこと。山間部などでの放射冷却によって、霧や層雲が広い範囲にわたって発生した場合に見られる。

尾引き雲

ohikigumo

尾流雲《びりゅううん》の別称で、雲の下から垂れ下がった筋状の雲が、尾のように見えるのが特徴。雨や雪が落下する途中で、蒸発、昇華したときに発生する。

朧雲

oborogumo

空一面に広がる灰色の雲。前線に伴って現れることが多く、雨の前兆といわれる。この雲から透けて見える太陽は、すりガラスを通したようにぼんやりしている。高層雲の俗称。

傘雲／笠雲

kasagumo

レンズ雲が山のてっぺんに笠を被せたような形で現れたときの呼び名。地形と風の影響によって、湿った空気が山頂付近を昇る際に断熱冷却されてできる。

かなとこ雲

kanatokogumo

頂上部分が広がって平らになっている積乱雲のこと。多毛雲の一種。形状が金属加工などに使われる金床に似ていることからこう呼ばれている。世界気象機関で分類された9「副変種」のひとつ。

雷雲

kaminarigumo/raiun

電光、雷鳴、激しい雨や雪、雹《ひょう》の原因となる積乱雲のこと。

霧雲

kirigumo

霧のように、もやもやと漂う雲。地上に達すると霧になる。層雲の俗称。

雲の波

kumononami

重なって波のように見える雲のこと。

くもり雲

kumorigumo

白色や灰色の大きな塊が、ロール状、斑状、層状に集まった雲。曇天はもたらすが、降水を伴うことは少ない。層積雲の俗称で、畝《うね》雲ともいう。

巻雲／絹雲

kenun

高度5000〜16000mにできる上層雲で、ほうきで掃いたような筋状の雲。世界気象機関で分類された基本形10「類」のひとつ。俗称で筋雲、羽根雲、あばら雲ともいう。

巻積雲

kensekiun

高度5000〜15000mにできる上層雲で、小さな雲の塊が多数集まってできた雲。俗称で鱗《うろこ》雲、鯖《さば》雲、鰯《いわし》雲ともいう。世界気象機関で分類された基本形10「類」のひとつ。

巻層雲

kensoun

高度5000～15000mにできる上層雲で、薄いベール状の雲。空の広い範囲を覆うことが多く、太陽や月と重なると暈ができることもある。世界気象機関で分類された基本形10「類」のひとつ。俗称で薄雲ともいう。

降水雲

kosuiun

雲底から白っぽい霧のようなものが垂れ下がり、地上に達している雲。高層雲、層積雲、積乱雲、積雲、乱層雲、層雲で見られる。世界気象機関で分類された9「副変種」のひとつ。地上に達していないものは**尾流雲**に分類。

高積雲《kosekiun》

高度2000〜7000mにできる中層雲で、白色や灰色の塊が斑状や帯状に集まってできた雲。巻積雲よりもひとつひとつの塊が大きい。世界気象機関で分類された基本形10「類」のひとつ。俗称で羊雲、まだら雲、むら雲とも。

不安という気持ちを
空で表すならこんな感じだろうか。
光の見えない、先の見えない世界。
得体のしれない負の気持ちが、
心に疑念を生んでしまう。

高層雲

kosoun

高度2000〜7000mにできる中層雲で、空一面にベール状、または層状に広がる灰色の雲。俗称で朧《おぼろ》雲ともいう。世界気象機関で分類された基本形10「類」のひとつ。

鯖雲

sabagumo

小さな雲が斑点状、または列状に広がった雲。鯖《さば》の背の模様に見えることからこう呼ばれている。巻積雲の俗称で、鰯《いわし》雲、鱗《うろこ》雲ともいう。

鉤状雲

kagijoun

巻雲に現れる雲種で、筋状に毛羽立った雲の先端が釣り針状に曲がっているもの。まっすぐなものは毛状雲という。世界気象機関で分類された14「種」のひとつ。

霧状雲

kirijoun

巻層雲、層雲に現れる雲種のひとつで、霧のようにかすんでいて、輪郭がぼやけたもの。世界気象機関で分類された14「種」のひとつ。

狂雲

kyoun

高い層にある雲と低い層にある雲が違う方向に動くなど、所さだまらぬ雲。乱れ騒ぐ雲。

五月雲

satsukigumo

太陽や月の位置がわからないほど分厚い、梅雨時の雨を降らせる雲のこと。

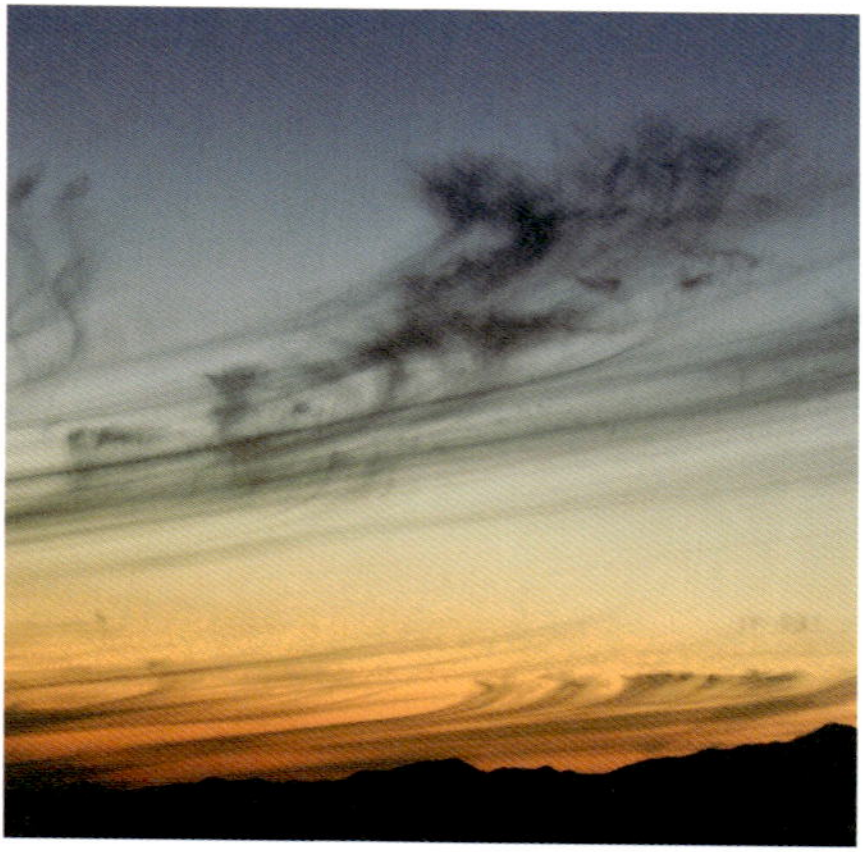

筋雲

sujigumo

ほうきで掃いたような
形をしている筋状の雲。
巻雲の俗称で、羽根雲、
あばら雲ともいう。

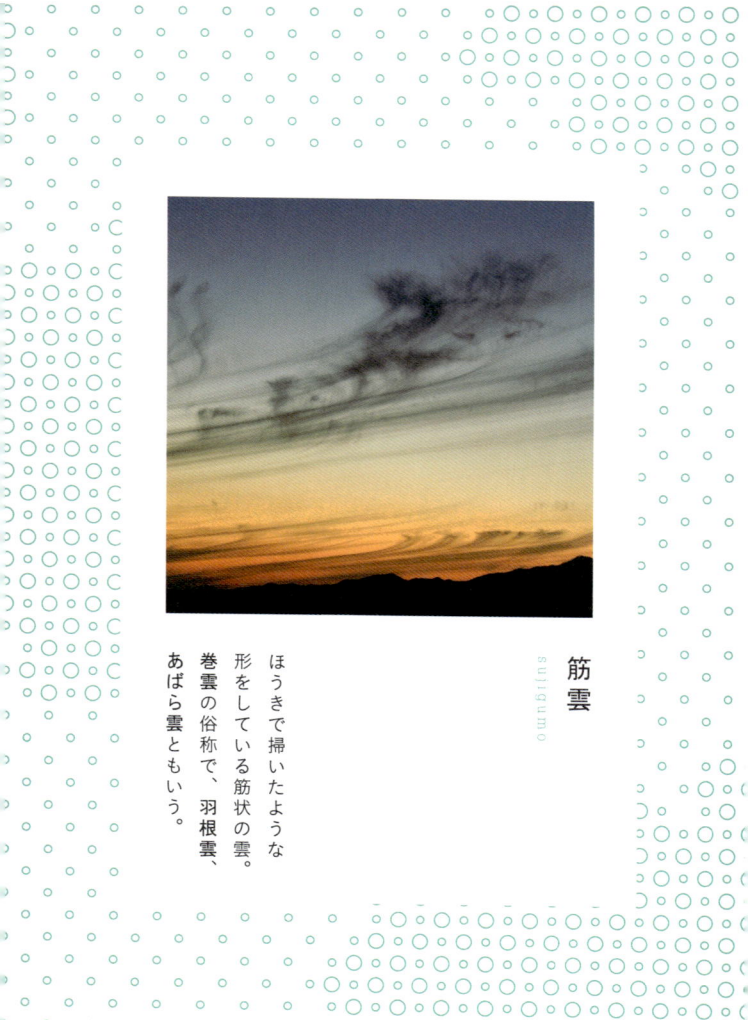

積雲

sekiun

高度500〜2000mにできる下層雲で、上部がモコモコしていて底部は平らな雲。上方に向かって発達し、雲頂が1000mを超すことも。世界気象機関で分類された基本形10「類」のひとつ。俗称で綿雲ともいう。

真珠母雲

shinjubogumo

高度20～30kmにできる、真珠母貝のような美しい色彩の雲。高緯度地方の冬季に、上空がマイナス80℃くらいになると見られる。

頭巾雲

zukingumo

積雲、積乱雲の雲頂の上に水平に薄く広がった、まるで頭巾を被っているように見える雲。世界気象機関で分類された9「副変種」のひとつ。規模の大きいものはベール雲という。

隙間雲

sukimagumo

空の広範囲を覆っている雲と雲の隙間から空が見える状態のこと。高積雲、層積雲で見られる。世界気象機関で分類された9「変種」のひとつ。

座り雲

suwarigumo

雲底が広がり平らで、どっしりと座っているように見える雲のこと。積雲に対して使われる。

積乱雲

sekiranun

雲底高度が地上付近〜2000mと低く、雲頂高度は10000m以上になることもある巨大雲。しばしば激しい雨や雷を伴う。世界気象機関で分類された基本形10「類」のひとつ。俗称で入道雲、雷雲ともいう。

層雲

soun

高度2000m以下にできる下層雲で、層状、または霧状の雲。地上に達すると霧になる。世界気象機関で分類された基本形10「類」のひとつ。俗称で霧雲ともいう。

のんきな空を見た。
青い空にそよ風が吹き、
ゆっくりゆっくりと白い雲が流されていく。
のんきな空は自分の中にある時間の速度を
少しだけ落としてくれる。
急ぎすぎている自分に気づく。

層積雲

sosekiun

高度２０００ｍ以下にできる下層雲で、白色や灰色の大きな雲の塊が、ロール状、斑状、層状に集まってできた雲。俗称で畝《うね》雲、くもり雲とも呼ばれる。世界気象機関で分類された基本形10「類」のひとつ。

立ち雲

tachigumo

上方に大きく発達し、立ち上がったように見える雲のこと。主に積乱雲に対して使われる。

乳房雲

chibusagumo/nyubogumo

雲底からこぶ状の雲が垂れ下がり、牛の乳房のように見える雲。積乱雲に多いが、巻雲、巻積雲、高積雲、高層雲、層積雲にも現れる。大雨や雷、雹《ひょう》の兆しとされる。世界気象機関で分類された9「副変種」のひとつ。

層状雲

sojoun

巻積雲、高積雲、層積雲に現れる雲で、層状に広がって空の広範囲を覆ったもの。世界気象機関で分類された14「種」のひとつ。

滝雲

takigumo

山の稜線を乗り越えたときに、山肌に沿って滝のように落下する雲のこと。

多毛雲

tamoun

積乱雲に現れる雲で、雲頂に毛状の雲がくっついているもの。多毛雲のひとつにかなとこ雲がある。世界気象機関で分類された14「種」のひとつ。

吊し雲

tsurushigumo

レンズ雲の別称で、一見、動いておらずに吊るされているように見えることから呼ばれる。

山頂にできるものは、傘雲／笠雲と呼ばれる。

断片雲

dangenun

積雲や層雲に現れる雲で、形が崩れ、ちぎれたような形をしている。世界気象機関で分類された14「種」のひとつ。

ちぎれ雲

chigiregumo

高層雲、乱層雲、積雲、積乱雲に付随して現れる断片雲のこと。荒天時に見られ、色は黒っぽい。世界気象機関で分類された9「副変種」のひとつ。

蝶々雲

chochogumo

蝶々が飛んでいるように流れていく雲のこと。孤立した積雲の乱れたもので、雨や強風の前兆という。

塔状雲

tojoun

巻雲、巻積雲、高積雲、層積雲に現れる雲で、塔のように上方に立ち上がっているもの。上昇気流によって生じ、大気の状態が不安定なときに多く発生する。世界気象機関で分類された14「種」のひとつ。

入道雲

nyudogumo

もくもくと上方に大きく発達する巨大雲のこと。雲頂が高度10000m以上になることもある。積乱雲の俗称で、雷を伴う場合は、雷雲ともいう。

羽根雲

hanegumo

太い帯状の雲から、毛のような雲が左右に伸びている雲のこと。鳥の羽根のように見えることから呼ばれている。巻雲の俗称で、筋雲、あばら雲ともいう。

並雲

namigumo

積雲の発達は3段階に分類され、その中の2番目の段階に現れるもの。最初の段階を扁平雲、最終段階を雄大雲という。世界気象機関で分類された14「種」のひとつ。

二重雲

nijuun

同じ基本形（類）に分類される雲が異なる高度で重なって現れること。巻雲、巻層雲、高積雲、高層雲、層積雲で見られる。天候の変化時に見られやすい。世界気象機関で分類された9「変種」のひとつ。

濃密雲

nomitsuun

巻雲に現れる雲で、濃く厚い雲が広がっているもの。世界気象機関で分類された14「種」のひとつ。

蜂の巣状雲

hachinosujoun

蜂の巣のように無数に穴が開いた雲のこと。巻層雲、高積雲、層積雲で見られる。天候がよくなる兆しとされる。世界気象機関で分類された9「変種」のひとつ。

半透明雲

hantomeiun

空一面覆う雲の中でも、太陽や月の位置がわかる厚さの雲。高積雲、高層雲、層積雲、層雲に見られる。世界気象機関で分類された9「変種」のひとつ。太陽や月の輪郭が判別できない厚さの雲は**不透明雲**に分類される。

波状雲

hajoun

海岸に押し寄せる波のような縞模様の雲。巻積雲、巻層雲、高積雲、高層雲、層積雲、層雲で見られる。世界気象機関で分類された9「変種」のひとつ。

尾流雲

biryuun

雲底から白っぽい霧のようなものが垂れ下がったように見える雲。地上に達していないのが特徴。巻積雲、高積雲、高層雲、層積雲、積乱雲、積雲、乱層雲で見られる。世界気象機関で分類された9「副変種」のひとつ。

ベール雲

berugumo

積雲、積乱雲の雲頂の上に水平に薄く広範囲にわたって広がった雲。世界気象機関で分類された9「副変種」のひとつ。規模の小さいものは頭巾雲という。

不透明雲

futomeiun

空一面を覆う雲の中でも、太陽や月の位置がわからないほど厚い雲。高積雲、高層雲、層積雲、層雲に見られる。世界気象機関で分類された9「変種」のひとつ。太陽や月の輪郭が判別できるものは半透明雲に分類される。

飛行機雲

hikokigumo

飛行機の航跡に沿って発生する細長い線状の雲。上空の湿度が高く、気温が低い場合にできやすい。

羊雲

hitsujigumo

白色や灰色の塊が斑状や帯状に集まってできた雲のこと。羊の群れのように見えることから呼ばれる。高積雲の俗称で、まだら雲、むら雲ともいう。

扁平雲

henpeiun

積雲の発達は3段階に分類され、その中の最初の段階に現れるもの。世界気象機関で分類された14「種」のひとつ。雲頂が比較的平らな形をしていて、上方に発達していくと、**並雲**、**雄大雲**になる。

片乱雲

henranun

厚い雲の下に浮かぶ黒いちぎれ雲のこと。この雲が現れたら、間もなく雨が降る。

房状雲

bojoun/fusajoun

巻雲、巻積雲、高積雲に現れる雲で、巻積雲、高積雲は雲片が丸まっているもの、巻雲は筋状の尖端が丸くなっているもののこと。世界気象機関で分類された14「種」のひとつ。

水まさ雲

mizumasagumo

細かい横筋ができ、虎の模様を思わせる巻層雲のこと。雨の兆しとされる。

放射状雲

hoshajoun

放射状に大きく広がっている雲のこと。実際、各雲は平行に並んでいるが、地上から見ると遠近効果でこのように見える。巻雲、高積雲、高層雲、層積雲、積雲に現れる。世界気象機関で分類された9「変種」のひとつ。

むら雲

muragumo

白色や灰色の塊が斑状や帯状に集まってできた雲のこと。雲の濃淡で斑があるように見えることから呼ばれている。高積雲の俗称で、まだら雲、羊雲ともいう。

無毛雲

mumoun

積乱雲に現れる雲で、雲頂が丸く、毛状になっていないもの。雄大雲と異なるのは、無毛雲は雷を伴う場合が多いこと。世界気象機関で分類された14「種」のひとつ。

毛状雲

mojoun

巻雲、巻層雲に現れる雲で、筋状に毛羽立った雲の先端がまっすぐなもの。曲がっているものは**鉤状雲**という。世界気象機関で分類された14「種」のひとつ。

もつれ雲

motsuregumo

巻雲の筋状部分がもつれたような状態のもの。上空の風が弱いと、風向、風速が頻繁に変わるためできやすい。世界気象機関で分類された9「変種」のひとつ。この雲が見られたあとは、晴天が続くことが多い。

夜光雲

yakoun

日の出や日没後、高度50～80kmに位置する中間圏の上層付近で見られる特殊な雲。地球一高い高度に発生する。形は巻雲に近く、青白く光り輝いて見える。

雪雲

yukigumo

空一面を覆い、雪を降らせる暗灰色の雲のこと。乱層雲の俗称で、雨を降らす場合は雨雲という。

乱層雲

ransoun

高度2000~7000mにできる中層雲で、空一面を覆う暗灰色の雲。雨や雪を降らせるので、俗称で雨雲や雪雲とも呼ばれる。世界気象機関で分類された基本形10「類」のひとつ。

雄大雲

yudaiun

積雲の発達は3段階に分類され、その中の最後の段階のもの。雲頂は10000mを超すことも。積乱雲と異なるのは、雷が発生しないことと、雲頂が毛羽立っていないこと。世界気象機関で分類された14「種」のひとつ。

漏斗雲

rotoun/rotogumo

積雲、積乱雲の雲底から渦をまいて垂れ下がるようにできる漏斗状の雲。竜巻の発生時に見られる。世界気象機関で分類された9「副変種」のひとつ。

肋骨雲

rokkotsugumo
rokkotsuun

太い帯状の巻雲から横向きに筋が出て、魚の骨や羽根のように見えるもの。雨の前兆とされる。世界気象機関で分類された9「変種」のひとつ。俗称で羽根雲、あばら雲ともいう。

ロール雲

rorugumo

積乱雲や積雲の雲底にできるロール状の雲。突風や大雨、雷、雹などが発生しやすい。アーチ雲とも。

レンズ雲

renzugumo

巻積雲、層積雲に現れる雲で、凸レンズのような形をしたもの。世界気象機関で分類された14「種」のひとつ。吊し雲とも呼ばれ、山頂にできた場合は傘雲／笠雲という。

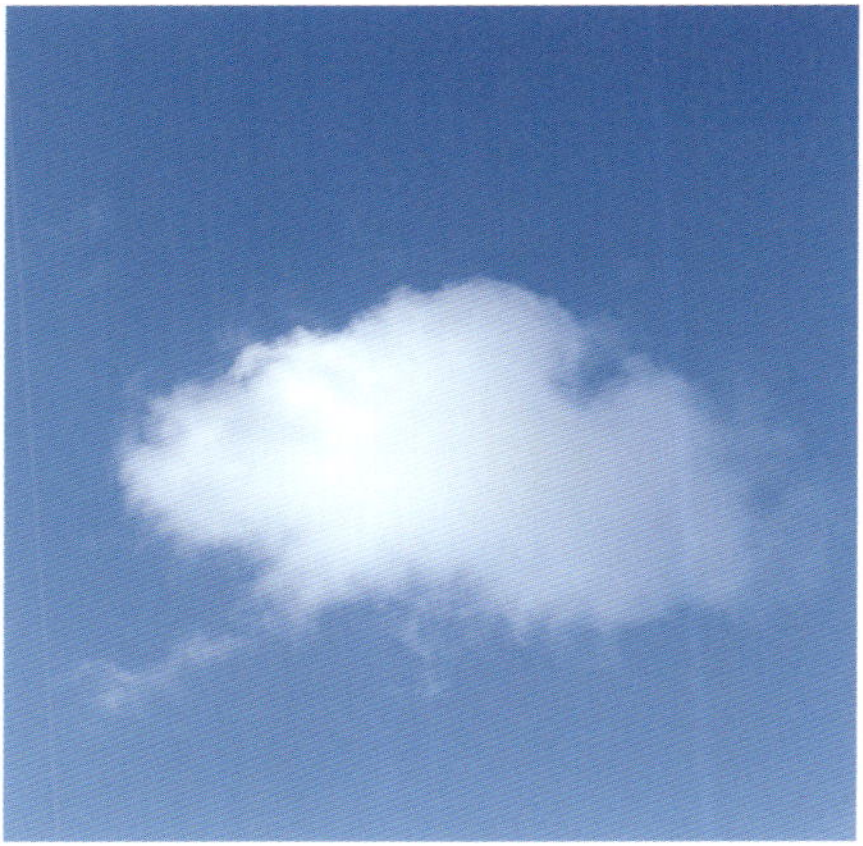

綿雲

watagumo

積雲の俗称で、綿のようにモコモコしている白い雲のこと。よく晴れた日に見られる。

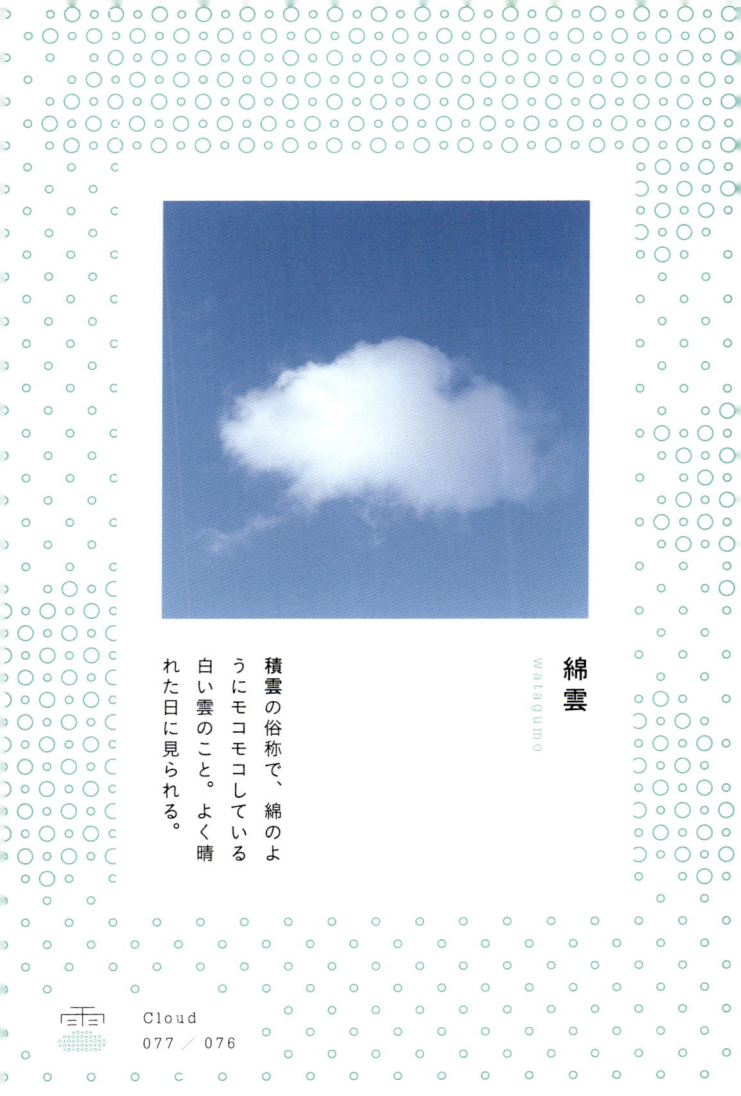

空はいつも
シャッターチャンスにあふれている。
でも、上を見ていなければ

それに気づかず見過ごしてしまう。
チャンスは上を向いている人に
現れるものなのかもしれない。

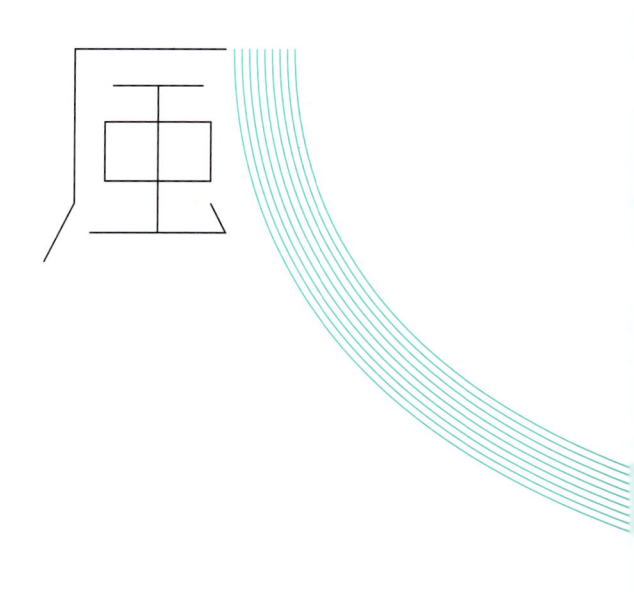

風

Dictionary

Wind

あいの風

ainokaze

日本海沿岸地方で春から夏にかけて吹く東寄りの風。あゆの風ともいう。

青嵐

aoarashi

初夏に吹く、青々と茂った木の葉や草を揺さぶるやや強い風のこと。

悪風《akufu》

害をもたらす暴風。

朝東風《asagochi》

春の朝に東から吹く風のこと。

朝凪《asanagi》

海岸地方で朝方、陸風から海風に変わる際に一時無風状態になること。

油風《aburakaze》

晩春の晴れの日に吹く穏やかな南風のこと。油まじ、油まぜともいう。

煽風

aochikaze

ばたばたと吹きあおる
風。

秋台風

akitaifu

秋にくる台風。夏の台風に比べて動きが速く、秋雨前線の活動を強め、大雨をもたらすことがある。

ときどき人生の中でも風が吹くときがある。
向かい風、追い風、冷たい風、暖かい風、そよ風、甘い風……。
風が吹くとき人生は変わっていく。

青北

aogita

初秋の晴天の日に吹く
涼しい北風。西日本で
いわれる。

青田風

aotakaze

青田をわたっていく涼しげな風。

雨風

amakaze

雨気を含んで吹く風。

天つ風

amatsukaze

上空を吹く風。

いなさ

inasa

南東からの風。とくに、台風がもたらす強風をさす。雨の前兆とされる。

上風

uwakaze

草木などの上を吹く風。

朝嵐

asaarashi

朝方に吹く強い風。

嵐

arashi

激しく吹き荒れる風。暴風。雨、雪、雷を伴うこともある。

沖つ風《okitsukaze》

沖から吹いてくる風や沖を吹く風のこと。

おぼせ《obose》

旧暦4月（現5月）頃の天気の良い日に吹く南風。また、梅雨前の雨が降りそうで降らない気候。淡路、伊勢、伊豆などの地域で使われる。

浦風

urakaze

海辺や浦を吹く風。浜風。

強烈な風の吹く場所で生き抜く木の姿。
風を受け流すように枝を曲げ、幹もしなやかに鍛え、
自分を変えることによりその場所で生き抜くことに成功した。
その場所で生き抜くには自分を変えてゆかなければならないこともある。
厳しき自然を生き抜いた無駄のないその美しき姿に感動を覚える。

海風

umikaze/kaifu

海上に吹いている風。また、海岸地方で日中に、海から陸に向かって吹く穏やかな風のこと。海軟風ともいう。

⇕陸風

凱風《gaifu》

南から吹く、穏やかでやわらかい風。初夏のそよ風。

颪

oroshi

山や丘から吹き下りてくる冬の冷たい風。日本の太平洋沿岸一帯で使われる。山によって富士颪、浅間颪、筑波颪などと呼ばれる。

空風／乾風

karakaze

冬に強く吹く、雨や雪などを伴わない乾いた北風。主に関東地方に吹く冷たい冬の風のこと。からっかぜともいう。

気象庁風力階級

kishochofuryokukaikyu

日本の気象庁で採用されている、風の強さを風速により0〜12の13段階で表したもの。19世紀のイギリス海軍提督フランシス・ビューフォートが考案したビューフォート風力階級を元にしている。

颶風

gufu

気象庁風力階級12の風で、風速は毎秒32・7m以上。これ以上の階級の風はない。海では波が15mにも達し、泡と水煙で空との境も判断できなくなるとされている。記録的な被害をもたらす。

風光る

kazehikaru

キラキラとした春の日差しの中、吹きわたるそよ風が輝くように見えること。

強風

kyofu

強く吹く風。または、気象庁風力階級7の風で、風速は毎秒13・9〜17・1m。海は大波が立ち、波頭が砕けて白い泡に覆われる。樹木全体が揺れ、風に向かって歩きにくくなる。

薫風《kumpu》

初夏に吹く、新緑の香りをたっぷり含んださわやかな風。

木枯らし《kogarashi》

晩秋から初冬にかけて吹く、葉を散らし、木を枯らす強く冷たい風のこと。冬の訪れを告げる風であるが、何日も吹き続けることはほとんどない。木枯らし日と小春日和を繰り返しながら本格的な冬となる。

東風

kochi/ayu/tofu
higashikaze

東から吹く風。とくに春の東風をさす。梅の花をほころばせる梅東風《うめごち》や雲雀が鳴く頃の風として雲雀東風《ひばりごち》などがある。

疾強風

shikkyofu

気象庁風力階級8の風で、風速は毎秒17・2〜20・7m。海は波頭がそびえ立ち、しぶきは渦巻きとなって波頭から吹きちぎれる。小枝は折れ、風に向かって歩けなくなる。

軽風

keifu

そよ風、微風。また、気象庁風力階級2の風で、風速は毎秒1・6〜3・3m。海一面にさざ波が見られ、木の葉がそよぐ。肌でも風が感じられる。

至軽風

shikeifu

気象庁風力階級1の風で、風速は毎秒0・3〜1・5m。海は鱗のようなさざ波が立ちはじめ、煙突の煙はたなびくが、肌で風を感じるほどではない。

風巻

shimaki

激しく吹き荒れる風。また、そのさま。雨や雪などを交えることもある。

スコール

sukoru

突然吹きはじめ、数分間吹き続けると、急におさまる強い風のこと。雨や雷を伴うことが多い。日本では熱帯地方の強風を伴う激しいにわか雨のことをいう。

疾風

shippu/hayate

急に激しく吹く速い風。また、気象庁風力階級5の風で、風速は毎秒8・0〜10・7m。海では白波からしぶきが立ちはじめる。葉の茂った樹木も揺れ動く。

秋風

shufu/akikaze

秋に吹く涼やかな風。

大強風《daikyofu》

気象庁風力階級９の風で、風速は毎秒20・８〜24・４ｍ。海は波頭がのめり唸り声を上げ、水煙が立つ。波高は７〜10ｍになり、陸上では屋根瓦が飛び、人家に被害が出はじめる。

台風《taifu》

熱帯低気圧のうち、最大風速が毎秒17・２ｍ（風力階級８）以上のものをいう。西太平洋上に発生し、８〜９月にかけて、日本列島やアジア大陸、フィリピンなどに襲来することが多い。暴風雨を伴う。

出し風

dashikaze

山から吹いて沖へ向かう風のこと。山から吹き出してくる風、または船出に有利な風という意味で、こう呼ばれている。出しともいう。

竜巻

tatsumaki

主に積乱雲の雲底から地上、または海面に垂れ下がる漏斗状の激しい空気の渦巻き。風速は毎秒１００ｍに達することもあり、陸上では森林や建物を破壊する。竜が天に昇るさまを連想させることから、こう呼ばれている。

静穏

seion

静かで穏やかなこと。
また、気象庁風力階級
0の無風で、風速は毎
秒0・2m以下。海面
は鏡のように滑らかで、
煙突の煙はまっすぐに
昇っていく。

台風一過

taifuikka

台風が去ったあと、一転して空が晴れわたり、晴天になること。

玉風

tamakaze

冬に東北、北陸地方の日本海沿岸で吹く北西からの強烈な風。豪雪をもたらす。束風《たばかぜ》ともいう。

施毛風

tsumujikaze

渦巻き状に回転しながら吹き上がる風のこと。塵旋風《じんせんぷう》、辻風《つじかぜ》ともいう。鉛直に立ち上がる強い渦巻きだが、発生のしくみが竜巻とは異なる。

南風

hae/nampu
minamikaze

4~8月頃にかけて南から吹く風。

春一番

haruichiban

立春後、はじめて吹く南寄りの強い風。春の到来を告げるもので、はるいちともいう。

軟風

nampu

そよ風、微風。また、気象庁風力階級3の風で、風速は毎秒3・4〜5・4m。海は波頭が砕け、白波が現れはじめる。木の葉や細い小枝が絶えず動く。

春嵐

haruarashi

春先に吹く強風のこと。春荒れともいい、雨を伴うこともある。

春疾風

haruhayate

春特有の強風のことで雨を伴うこともある。春嵐ともいう。

日方

hikata

日のあるほうから吹く風で、夏の季節風。地方によって、南西や南東の風のことをさす。

暴風

bofu/akarashimakaze

荒く激しく吹く風。また、気象庁風力階級10の風で、風速は毎秒24・5〜28・4m。海は波頭が逆巻き、見通しが損なわれる。人家に大きな被害が出て、樹木は根こそぎ持っていかれる。

真風

maji/maze

南または南寄りの風のことで、西日本で多く使われる。

真艫

matomo

舟の真後ろのほうから吹く風。

やまじ風

yamajikaze

愛媛県宇摩地方で吹き荒れる南寄りの強風。日本三大局地風のひとつで、春や秋に多い。住民生活や農作物に被害を及ぼす。

和風

wafu

穏やかに吹く風。また、気象庁風力階級4の風で、風速は毎秒5・5〜7・9m。海は白波がかなり多く立ち、道路は砂埃や落ち葉が舞う。

夕凪《yunagi》

海岸地方で夕方、海風から陸風に変わる際に一時無風状態になること。

雄風《yufu》

気象庁風力階級6の風で、風速は毎秒10・8〜13・8m。海は大きい波が立ちはじめ、波頭が砕けて白く泡立つ。大枝が動き、電線もうなる。雨の場合は傘をさすのが困難な状態。

陸風

rikukaze

海岸地方で、晴れた日の夜に、陸から海へ向かって吹く穏やかな風のこと。**陸軟風**ともいう。⇔**海風**

烈風

reppu

極めて激しく吹く風。また、気象庁風速階級11の風で、風速は毎秒28・5～32・6m。海は山のような大波が立つ。広範囲で大きな被害が出るが、滅多に吹く風ではない。

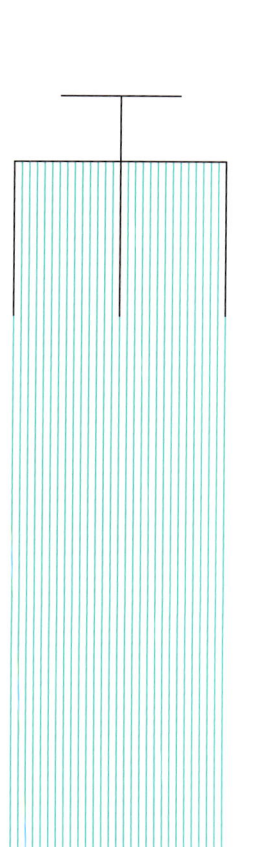

Dictionary

Rain

秋雨

akisame/shuu

夏から秋への移行期に、幾日も降り続ける雨のこと。秋の長雨、秋霖《しゅうりん》ともいう。

雨脚／雨足

amaashi

長い筋を引いて降る雨。
また、雨が降りながら
通りすぎていくさま。
その速さ。

淫雨

inu

何日も降り続き、なかなか止まない雨のこと。長雨、霖雨ともいう。

卯の花腐し

unohanakutashi

卯の花の咲く頃、卯の花を腐らせるほどに降り続く雨のこと。

甘雨

kanu

草木を潤してくれるよい雨のこと。

寒九の雨

kankunoame

寒に入って9日目の日に降る雨のこと。「寒」は寒さが厳しくなる1月5日頃～2月3日頃までをさす。豊作の兆しとされ、喜ばれる。

雨滴

uteki

雨のしずくや雨粒のこと。また、軒先などからしたたり落ちる雨水。普通の雨は直径1〜2㎜で、雷雨などの大粒の雨は直径3㎜ぐらい。直径0・5㎜未満は霧雨に分類される。

豪雨

gou

一時的に激しく降る大雨のこと。局地的に多量の大雨が降ることを集中豪雨という。

樹雨

kisame

濃霧時の森林で、霧が枝葉につき、大粒の水滴となって雨のように落ちる現象。絶えず雲を被っているような山地でよく見られる。南アフリカのテーブルマウンテンでは年間雨量の2倍も樹雨が降る。

霧雨

kirisame

霧のように細かい雨のこと。気象学上では雨滴の直径が0・5㎜未満と定義されている。

薬降る

kusurifuru

薬日である旧暦5月5日の正午頃に雨が降ること。その雨は神水と呼ばれ、この雨水で薬をつくるとよく効くとされた。

小糠雨

konukaame

音もなく静かに降る非常に細かい雨のこと。「糠」は細かい、ちっぽけなという意味がある。**糠雨**ともいう。

木の芽雨

konomeame

木の芽の出る頃に降る雨のこと。

催花雨

saikau

2月下旬頃に、花を咲かせるために降る雨のこと。

五月雨

samidare

旧暦5月（現6月）頃に降り続ける雨のこと。近年は5月に降るまとまった雨をさすこともある。

酒涙雨／催涙雨

sairuiu

七夕に降る雨。織姫と彦星は、年に一度しかない再会の機を失い、二人が流した涙だと七夕の物語では伝えられている。また、七夕の前日に降る雨は、**洗車雨**といい、彦星が織姫を迎えにいくための牛車を洗う水とされている。

山茶花梅雨

sazankaduyu

11月〜12月の秋から冬への移行期に、降り続ける雨のこと。さざんかが咲く頃に降ることからこう呼ばれている。

地雨

jiame

一定の強さで、広範囲に長く降り続ける雨。

⇔にわか雨、驟雨

時雨

shigure

秋の終わりから冬のはじめに、晴れやくもりが繰り返され、降ったり止んだりする雨のこと。横から吹きつけてくるものを横時雨、時雨が降っているもう一方では晴れていることを片時雨という。

篠突く雨

shinotsukuame

束になった篠竹を突き
下ろすように、地面を
叩きつけながら激しく
降る雨のこと。

慈雨

jiu

干ばつや少雨時に、大地を潤してくれる恵みの雨のこと。

瑞雨

zuiu

穀物の生育を助けてくれる雨のこと。

天気雨

tenkiame

晴れているのに降る雨のこと。日照雨《そばえ》、狐《きつね》の嫁入りともいう。

天泣

tenkyu

空に雲が見えないのに降る雨のこと。風によって雨が遠方から吹き流されてきた場合などに起こる。

驟雨

shuu

突然激しく降りだし、急に止む極端な雨。夏の季語なので、春季や秋季に使う場合は春驟雨、秋驟雨と使いわける。降っている時間が短時間の場合はにわか雨ともいう。⇕地雨

翠雨《suiu》

青葉に降り注ぐ雨のこと。

凍雨《tou》

落下中の雨滴が凍結し、透明や半透明の氷の粒となって降る現象。またその氷の粒。氷のように冷たい冬の雨をさす場合もある。

通り雨《toriame》

通り過ぎるように、さっと降って、すぐに止む雨のこと。

虎が雨

toragaame

旧暦5月28日に降る雨のこと。この日に曽我祐成が斬り死にしたことを、悲しんだ愛人の虎御前の涙といわれる。この日は必ず雨が降るとされている。**虎が涙雨**、**曽我の雨**ともいう。

菜種梅雨

nataneduyu

菜の花が咲く3月下旬～4月上旬にかけて、幾日も降り続く雨のこと。

梅雨

tsuyu/baiu

5月〜7月頃に降り続く雨。梅雨入り前に雨が数日続くことを「迎え梅雨」「走り梅雨」、梅雨明け前に降る激しい雨を「暴れ梅雨」「荒梅雨」、梅雨明け後に再びやってくる長雨を「帰り梅雨」「戻り梅雨」という。

にわか雨

niwakaame

短時間で止む一過性の驟雨のこと。この雨が夏の午後に降ることを夕立という。晴れと雨が繰り返すようなときはにわか雨とはいわない。⇕地雨

入梅《nyubai》

梅雨に入ることやその日をさす。**梅雨入り**ともいう。暦のうえでは太陽が黄経80度を通過する日で、6月11日頃にあたる。梅雨が終わることやその日は**出梅**、**梅雨明け**という。

麦雨《bakuu》

麦が熟する6月頃に降る雨のこと。

半夏雨

hangeame

太陽が黄経１００度を通過する７月２日頃である半夏生に降る雨のこと。梅雨が明け、田植の終期とされる。半夏雨は田の神が天に昇るときに降る雨とされている。

氷雨

hisame

冬に降る冷たい雨のこと。また、雹《ひょう》や霰《あられ》など氷の粒が降ること。

花の雨

hananoame

桜の咲く頃に降る雨。
また桜の花に降り注ぐ
雨のこと。

春雨

harusame/shunu

春にしとしとと静かに
降る雨のこと。

肘笠雨

hijikasaame

にわか雨のこと。笠を被る暇もなく、肘を頭上にかざして袖を笠のかわりにしたことからこういわれている。

外待雨

homachiame

自分の田畑にだけ雨が降るような、ある限られた人だけを潤す局地的な雨のこと。

村時雨

murashigure

ひとしきり激しく降って通り過ぎていく雨のこと。

霖雨

rinu

何日も降り続く雨のこと。長雨、淫雨ともいう。3月下旬〜4月上旬に降る場合は春霖《しゅんりん》（春の長雨）、9月中旬〜10月に降る場合は秋霖《しゅうりん》（秋の長雨）という。

緑雨

ryokuu

新緑の頃に降る雨のこと。

涙雨

ruiu

ほんの少しだけ降る雨。また、悲しみの涙を表したかのように降る雨。

私雨

watakushiame

ある限られた小地域だけに降ってくる局地的な雨のこと。

Dictionary

Snow

泡雪／沫雪

awayuki

やわらかくとけやすい
泡のような雪。

淡雪

awayuki

春先に降る消えやすい雪。水分が多く、うっすらと積もってもすぐにとける。

固雪

katayuki

積もった雪が固まったもの。また、日中にある程度とけた雪が夜に再び凍り固くなったもの。

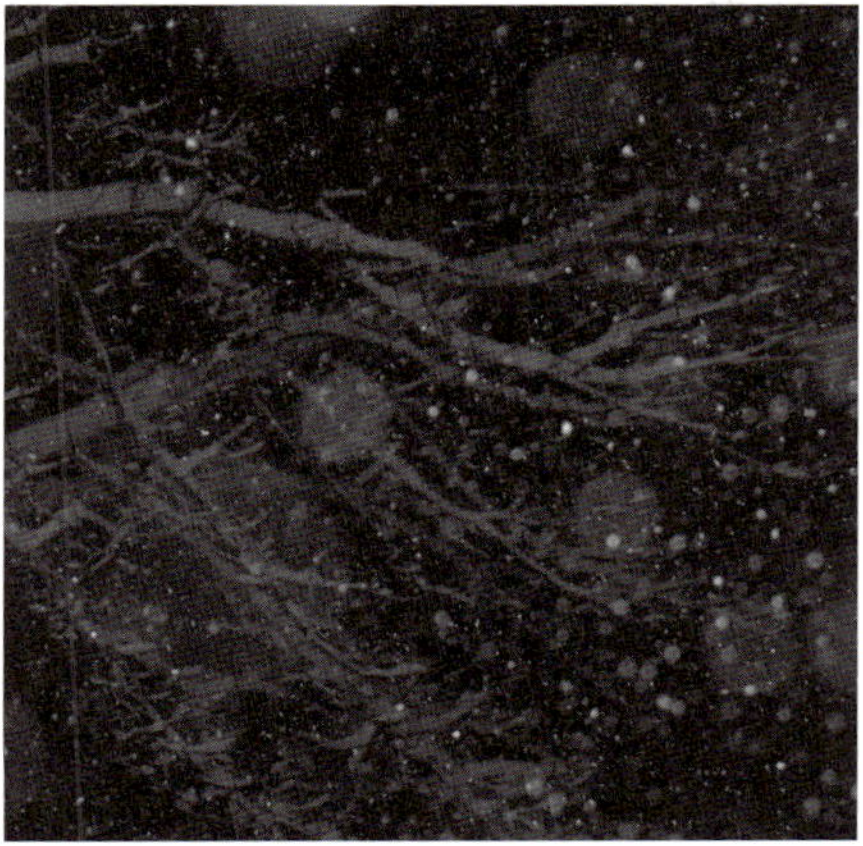

玉雪

gyokusetsu

宝石のように美しい雪のこと。玉雪《たまゆき》の場合、意味が異なる。

銀世界

ginsekai

雪が降り積もり、あたり一面が白一色になっている景色のこと。

銀雪

ginsetsu

銀色に輝く美しい雪のこと。

薄雪

usuyuki

少しだけ降り、薄く積もった雪のこと。

風花

kazahana/kazabana

晴天時に花びらが舞うようにちらつく雪。また、降雪地から風に飛ばされた小雪がちらつくこと。

冠雪

kansetsu

山や物の上に被さるように降り積もった雪。またそのさま。

小米雪

kogomeyuki

さらさらと降る、小さく砕けた米のように細やかな雪。

粉雪

konayuki

粉のようにさらさらとした細やかな雪のこと。乾燥していて灰雪よりもやや大きい。気温と湿気が低いところに降るので、日本では北海道や日本海側以外で見られることは稀である。パウダースノーともいう。

細雪

sasameyuki

細かい雪や、まばらに
降る雪のこと。

小雪

koyuki

少しだけ降る雪のこと。
また少しの雪。⇔**大雪**

粗目雪

zarameyuki

粗目糖のような大粒の積雪。新雪が日中の気温の上昇でとけ、夜間に再び凍り、これを繰り返すことでできる。

また、このときに新雪の結晶が氷の粒になり、粗大化したもの。

残雪

zansetsu

消えずに残っている雪。また、春になっても残っている冬に降った雪のこと。

垂り雪

shizuriyuki

屋根や木の枝などに降り積もった雪が滑り落ちること。また、その雪。

地吹雪

jifubuki

地面に降り積もった雪が、強い風によって吹き上げられる現象のこと。

白雪

shirayuki/hakusetsu

純白の雪のこと。雪の美しさを表している。

締り雪

shimariyuki

降り積もる雪の重さで密度が高くなり、締まった状態の積雪のこと。また、このときに新雪の結晶が氷の粒になったもの。

霜粗目雪

shimozarameyuki

昼夜の大きな温度変化をくり返したことにより、雪粒が霜に変化し、3㎜前後に成長したもの。骸晶状で面を持つためキラキラと輝いて見える。成長の程度の小さいものは、小霜粗目雪という。

終雪

shusetsu

その冬最後に降る雪のこと。⇔初雪

新雪

shinsetsu

新しく積もった雪。また、降雪の結晶のかたちが残っているもの。1週間程度で締り雪になる。

深雪

shinsetsu

深く降り積もった雪のこと。

瑞雪

zuisetsu

めでたいしるしとされ
ている雪のこと。

雪華／雪花

sekka

雪の結晶を花にたとえたもの。また、花が舞うように降る雪のこと。雪の花、六花ともいう。

雪渓

sekkei

標高の高い山の谷などに大量に積もった雪が夏までとけることなく残ったもの。また、雪で覆われた渓谷。

太平雪

tabirayuki/dahirayuki

春が近づき気温が上がってから降る、薄くて雪片の大きな雪。春の淡雪ともいう。

雪片

seppen

雪のひとひら。また、雪の単結晶がくっつきあい、ある程度の大きさになったもの。

大雪

taisetu/oyuki

激しく降る雪。また、大量に降り積もった雪。

⇔小雪

早雪

sosetsu

時季よりも早く降る雪のこと。

筒雪

tsutsuyuki

電線に雪が付着し、筒状に積もった状態のこと。またその雪。濡れ雪のとき起こりやすい。電柱が倒れるなど雪害をもたらすこともある。

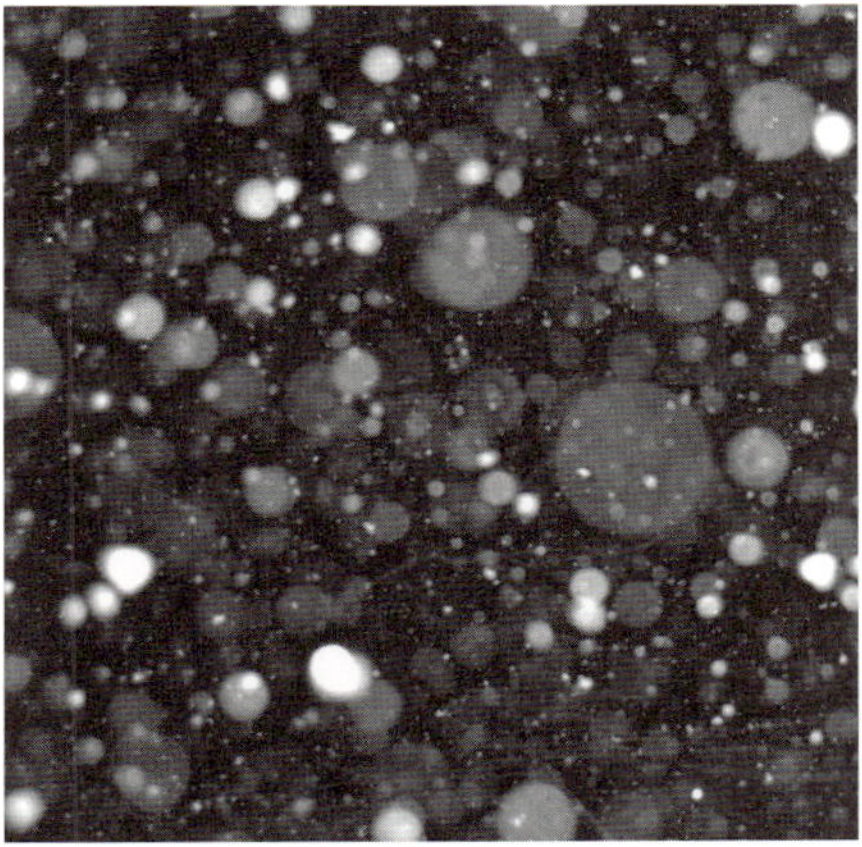

玉雪

tamayuki

降ってくるときの雪片が球形をしている雪のこと。雪シーズンのはじめや終わりに見られる。玉雪《ぎょくせつ》の場合、意味が異なる。

どか雪

dokayuki

一度で大量に降り積もる雪のこと。「どか」は並外れた量を表すときに使う。

にわか雪

niwakayuki

突然降って、すぐに止む雪。

友待つ雪

tomomatsuyuki

次の雪が降るのをまるで待つかのようにとけずに残っている雪のこと。弟待つ雪ともいう。

名残り雪

nagoriyuki

冬を惜しむように春に降る雪。雪の果て、雪の別れ、忘れ雪ともいう。

雪崩《nadare》

山の斜面に降り積もった雪が急激に崩れ落ちること。

根雪《neyuki》

降り積もった雪が雪どけの季節である春まで消えずに残っていること。またその雪。

濡れ雪

nureyuki

水分を多く含んだ雪のこと。すぐにとけるので体に付着すると濡れる。べた雪ともいう。

斑雪

hadareyuki

まばらに降る雪、まだらに降り積もる雪、まだらに消え残る雪のこと。

灰雪

haiyuki

灰が降るようにひらひらと舞い降りてくる雪のこと。やや厚みがあり、陽に当たると灰色の陰影ができる。降雪の中ではもっとも細かく小さい。

初冠雪

hatsukansetsu

夏が過ぎてはじめて山頂に雪が積もること。このことを日本では、「初冠雪を迎える」という。降雪しても積雪しない場合は使わない。

初雪

hatsuyuki

その冬はじめて降る雪のこと。年が明けて最初に降る雪やその雪が降った日をさすこともある。⇕終雪

花弁雪

hanabirayuki

花びらのように雪片が大きな雪のこと。

衾雪

fusumayuki

あたり一面を覆い尽くすように降り積もった雪。そのさまが体を覆う夜具である衾を思わせることから呼ばれる。

吹雪

fubuki

強風によって吹き散らされながら降る雪のこと。また、積もった雪が強風で宙を乱れ飛ぶもの。

べた雪

betayuki

餅雪よりも水分を多く含み、さらさらしていない雪。体に付着すると濡れ、道路などでもすぐにとけてべちゃべちゃになっていることが多い。濡れ雪ともいう。

牡丹雪

botanyuki

多数の雪の結晶が付着し、大きな雪片となって降る雪のこと。牡丹の花びらを思わせることからこう呼ばれている。また、ぼたぼたした雪という意味で使われることもある。ぼた雪、綿雪ともいう。

松の雪

matsunoyuki

松の枝葉に降り積もった雪のこと。

万年雪

mannenyuki

標高の高い山で見られる、1年中消えない雪のこと。とけずに残った雪はその重みで圧縮され、融解と氷結を繰り返し、粒状構造の氷塊になる。

水雪

mizuyuki

べた雪よりもさらに水分が多い雪。べた雪と雨の中間でみぞれともいう。

餅雪

mochiyuki

餅のように白くふわふわした雪。水分を多く含む。雪玉や雪だるまなどがつくりやすい。綿雪。

雪時雨

yukishigure

雪が混じった雨やみぞれ。また、突然降り出して止み、再び降り出す雪のこと。

雪明かり

yukiakari

積もった雪の反射により、夜もあたりが薄明るく見えること。

雪化粧

yukigesho

雪が降り、白粉《おしろい》で化粧をしたようにあたり一面が白く美しく変わること。

雪代

yukishiro

雪がとけて川に流れ込む水のこと。

雪紐

yukihimo

塀や木の枝などに降り積った雪が滑り出し、紐のように垂れ下がったもの。

雪汁

yukishiru/yukijiru

雪どけの水のこと。

雪持ち

yukimochi

枝や葉に雪が積もっていること。また、屋根に積もった雪が落下するのを防ぐ装置。

無垢な雪が音もなく降り積もる。
だれにも触れられていないまっさらな雪は、
だれも触れることのできない気高さを感じる。

Snow

205 / 204

忘れ雪

wasureyuki

その冬最後の降雪のこと。名残り雪、雪の果て、雪の別れ、ともいう。

綿帽子

wataboshi

山や木に雪が積もっている様子を、綿でできた帽子にたとえた語。

綿雪

watayuki

ちぎった綿のようにふかふかした雪のこと。牡丹《ぼたん》雪よりやや小さい。水分を含み重みがある。降雪地帯でも比較的暖かく湿度の高い地域に多い。

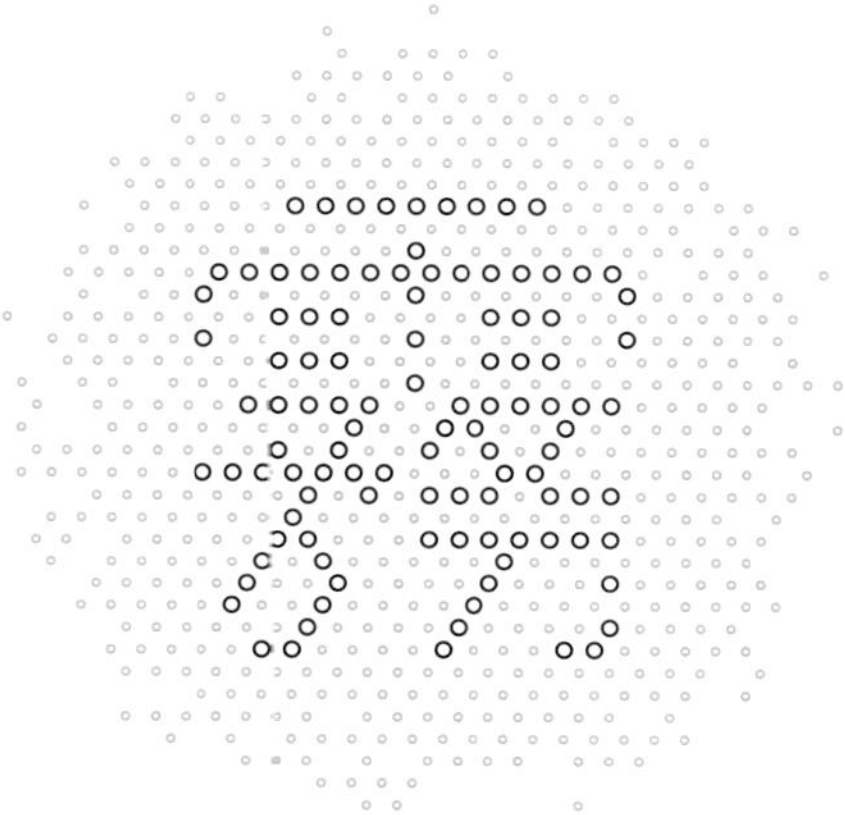

Dictionary

Mist

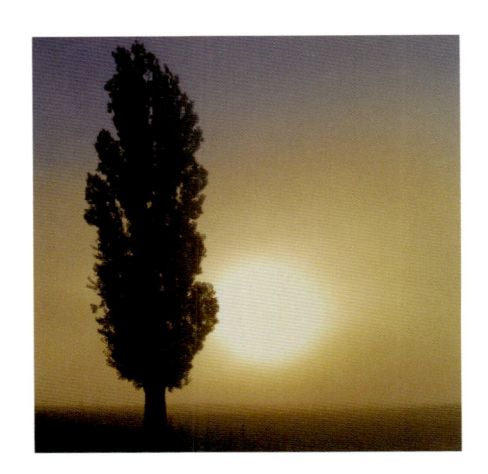

朝霧

asagiri

朝方や明け方に立つ霧のこと。

移流霧

iryugiri

温かく湿った空気が冷たい地面や海上を移動するときに、下から冷やされることによって発生する霧のこと。海霧は移流霧の一種。

秋霧《akigiri》

秋に立つ霧のこと。

薄霧《usugiri》

うっすらとかかった霧
のこと。

煙霧

emmu

乾燥した塵や埃などの微粒子が、大気中に浮遊し、空気が濁り見通しが悪くなった状態のこと。気象観測では見通せる距離が10km未満のものをいう。

煙嵐

enran

山中に立ち込める靄《もや》のこと。山靄《さんあい》、嵐気《らんき》ともいう。

海霧

umigiri/kaimu

海上に発生する霧。移流霧の一種だが、蒸気霧の場合もある。北海道東部沿岸の夏に見られる海霧が有名で、毎日のように発生し、何日も晴れないこともある。

沿岸霧

engangiri

海、川、湖の沿岸に発生する、蒸気霧や移流霧のこと。

霞

kasumi

気象学的な定義はとくになく、霧、靄《もや》、煙霧などで遠くの景色がはっきり見えず、ぼんやりしているさま。

乾霧

kammu

霧の中に入っても濡れない程度の、微細な水滴からできている霧。

⇕湿霧

逆転霧《gyakutengiri》

逆転層によって生じた層雲などの雲底が、地表に達して霧になったもの。逆転層とは高度の上昇に伴い通常気温が下がるところ、逆にに上がっている層のことをいう。

暁霧《gyomu》

夜が明けようとする頃の霧のこと。朝霧ともいう。

滑昇霧

kasshogiri

空気が山の斜面に沿って上昇することで、気圧の変化により冷却され発生する霧。遠くからは、山頂付近に雲がかかっているように見え、その中では空気が次々と上昇している。上昇霧ともいう。

川霧／河霧

kawagiri

川の水面近くで発生する蒸気霧。冷たい空気が暖かい水面上に流れ込み、水面から蒸発した水蒸気が冷やされることでできる。

自分らしいって、なんだろう。
自分が一番わかっていないのかもしれない。
「自分らしい自分」はいつも霧に隠され姿が霞んでしまう。

霧

Mist

221 / 220

狭霧

sagiri

霧のこと。「狭」は接頭語。

湿霧

shitsumu

霧の中のものがしっとりと濡れるほどの大きな水滴からできている霧。⇔乾霧

氷霧

korigiri/hyomu

霧を構成する水滴が凍り、微細な氷の結晶となって浮遊しているもの。また、そのため見通しが悪い気象現象のこと。高緯度で気温がマイナス30℃以下の晴天時に見られることがある。

混合霧

kongogiri

湿った温かい空気と冷たい空気の混合によって発生する霧のこと。

酸性霧《sanseimu》

酸性の大気汚染物質を大量にとりこんだ霧のこと。大気中に長時間漂っているため、酸性雨よりもずっと酸性度が高く、生物に与える影響も大きい。

地霧《jigiri》

地上に立ったときの目線の高さ（2m）より低い付近にだけ発生する霧のこと。放射冷却が原因で起こる場合が多い。

水霧

suimu

川の水面やその付近にかかる霧のこと。川霧ともいう。

蒸気霧

Jokigiri

冷たい空気が暖かい水面上に流れ込み、水面から蒸発した水蒸気が冷やされて起こる霧。川や湖で見られるものをさすことが多いが、冬場に湯気の立ちのぼる湯船から、風呂場全体が白くなっているのも同じ原理である。

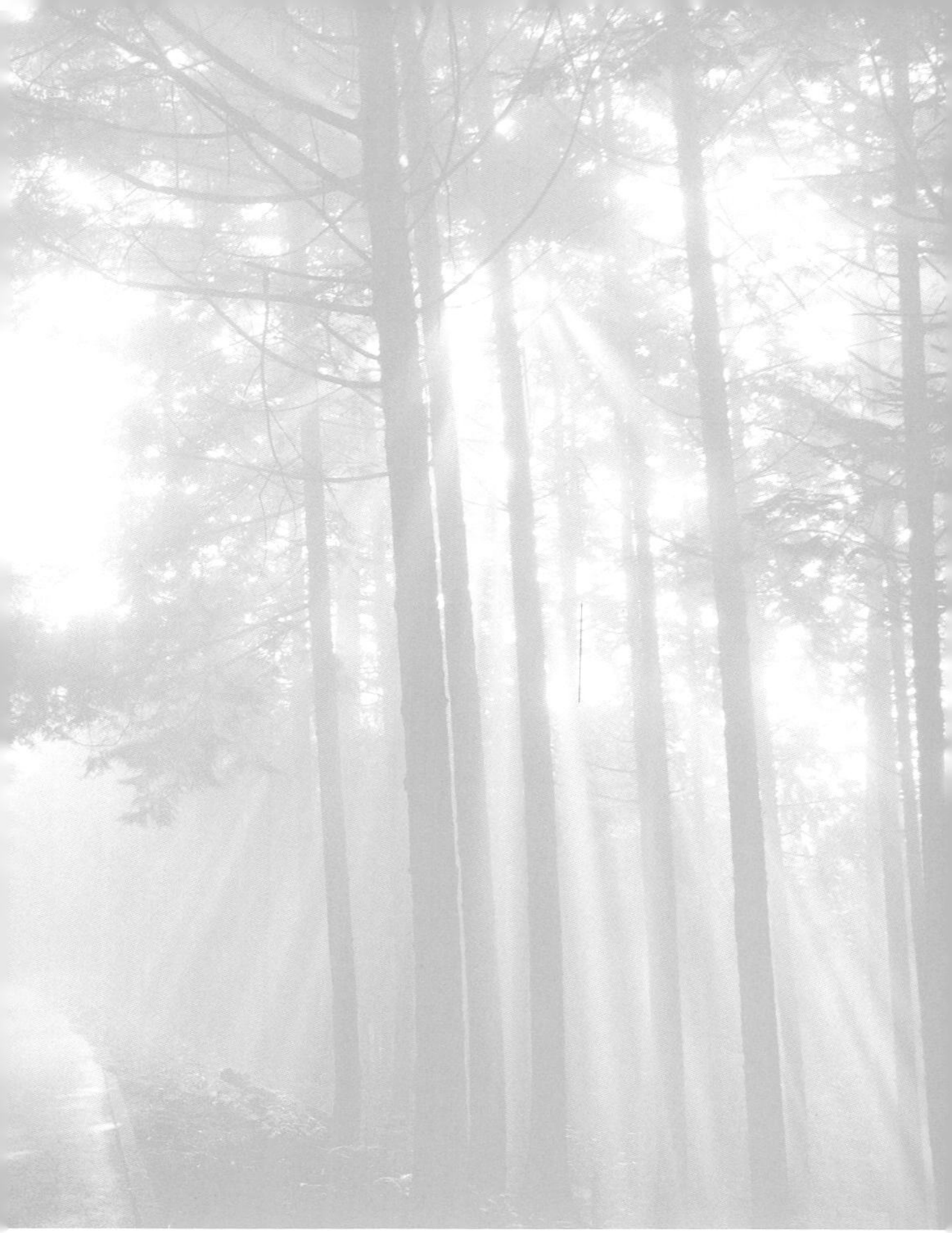

ほんの先さえ見えない状況でも、
いつしか道は照らされる。
晴れない霧はない。

霧

Mist

229 / 228

上昇霧

joshogiri

空気が山の斜面に沿って上昇することで、気圧の変化により冷却され発生する霧。遠くからは、山頂付近に雲がかかっているように見え、その中では空気が次々と上昇している。滑昇霧ともいう。

都市霧

toshigiri

都市に発生する霧のこと。自動車の排気や工場からの煙、粉塵などが、発生の原因となっている場合が多い。煙霧ともいう。

前線霧

zensengiri

温暖前線から降った比較的暖かい雨が、寒気中で蒸発し、それが再び冷やされたことで発生する霧。春に最も多く発生する。

谷霧

tanigiri

谷に発生する**放射霧**のこと。山頂で放射冷却によってできた冷たく重い空気が斜面から谷に流れ下りてできる。

着氷性の霧《chakuhyoseinokiri》

霧を構成する水滴が、0℃以下になっても凍結しないで、浮遊している気象現象。大気中の霧は容易には凍らないが、水滴が物体の表面に衝突すると凍結し氷になる。

放射霧《hoshagiri》

よく晴れた日の夜間に地面から熱が放出され、悪天候日よりも地面が冷えて気温が下がる現象を**放射冷却**といい、これにより発生する霧のことをさす。冬の晴天で風が弱い日の、夜から明け方にかけて発生しやすい。

夏霧

natsugiri

夏に立つ霧のこと。霧は秋の季語だが、夏に山や海などで目にする機会も多い。

濃霧

nomu

濃い霧、または深い霧のこと。気象観測では、目標物を見分けられる距離が、陸上で１００ｍ以下、海上で５００ｍ以下の状態のこと。

盆地霧《bonchigiri》

盆地に発生した放射霧のこと。地面や、山腹の放射冷却による空気が入り込んでできる。盆地は四方を山に囲まれているため、風が少ないことが霧を発生させやすくし、さらに一旦発生すると長く停滞しやすい。

靄《moya》

大気中に微細な水滴が浮遊し、見通しが悪くなる現象。気象観測では、1km以上10km未満の目標物が見分けられる場合は靄、1km未満しか見分けられない場合は霧といい、区別している。

夕霧

yugiri

夕方に立つ霧のこと。

夜霧

yogiri

夜に発生する霧のこと。

迷霧

meimu

方角がわからなくなるほどの深い霧。また、迷う心を霧にたとえていう。

山霧

yamagiri

空気が山の斜面に沿って上昇することで、気圧の変化により冷却され発生する滑昇霧のこと。遠くから見ると山にかかっている雲も、その中に入れば山霧となる。

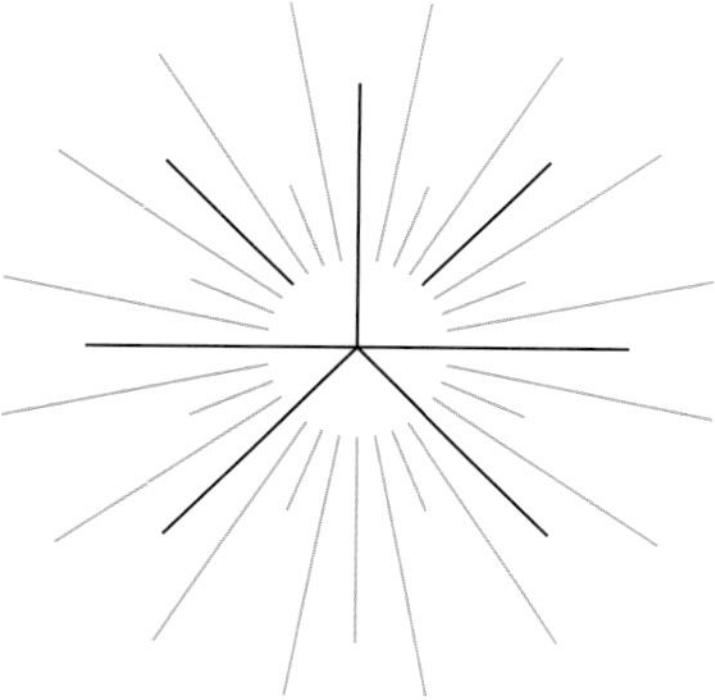

Dictionary

Shine

暁

akatsuki

太陽はまだ出ていないが、空が明るくなりはじめる頃のこと。明け方、夜明けともいう。古くは夜半から夜明け頃までの推移を、暁、東雲、曙などと区別し、暁は空が明るくなりはじめる前の未明のことをさした。

赤虹

akaniji

白虹が朝焼けや夕焼けによって赤みを帯びたもの。

曙

akebono

夜がほのぼのと明けはじめ、東の空が明るくなる頃のこと。**東雲**ともいう。古くは暁の終わり頃をさした。

朝焼け

asayake

日の出のとき、東の空が赤く見える現象。太陽が地平線付近にあると大気を通過する太陽光の距離が、日中に比べて長くなるため、波長の短い紫、青色光は拡散してなくなり、波長の長い橙、赤色光が残ることから起こる。

稲妻

inazuma

雷によって発生する光のこと。また、それが雲に反映されたもの。稲光、雷光ともいう。古くは、「稲の夫《つま》」と呼ばれ、稲の実がなる時期に起こることが多いため、これによって稲が実るといわれていた。

オーロラ

orora

極域近辺の上空でしばしば見られる美しい発光現象。色は黄や緑が多いが、赤や青なども見られ、明るさもさまざま。**極光**ともいう。

暈

kasa

太陽や月の周りに光の輪が見える現象。太陽や月には接しておらず、外側が紫、内側が赤になっている。太陽や月に薄い雲がかかった際にできる。太陽に接し、色彩が逆になっているものは、**光冠**と呼ばれる別の現象である。

皆既日食

kaikinisshoku

太陽が月に覆われる現象を日食といい、月の視直径が太陽より大きいことで、太陽全体を覆い隠す現象のこと。**皆既食**ともいう。

陽炎

kagero

大気の密度差によって光が異常屈折し、遠くの景色がもやもやとゆらめいて見える現象のこと。日射しの強い日に、路面付近などでよく見られる。

雷

kaminari

電位差が生じた際、雲と地表の間に発生する、光と音を伴った放電現象のこと。

環天頂アーク

kantenchoaku

太陽の上方に地上線に向かって凸型の虹ができる光学現象のこと。環天頂弧、天頂環、天頂弧、逆さ虹とも。帯の色は太陽側が赤色、反対側が紫色となっている。

環水平アーク

kansuiheiaku

大気中の氷粒に太陽光が屈折することで、ほぼ水平な虹ができる光学現象のこと。通常の虹が太陽とは反対方向に見えるのに対し、環水平アークは太陽と同方向に見える。水平虹、水平弧ともいう。

過剰虹

kajoniji

主虹の内側や、副虹の外側にさらに見られる淡い色の虹のこと。**干《かん》渉虹《しょうにじ》**ともいう。

極夜

kyokuya

極地付近で見られる、一日中太陽が昇らない状態が続く現象。北極付近では冬至前後、南極付近では夏至前後（現地における冬）に見られる。極点に近いほど長く続き、地域によっては2か月くらい続く。⇔**白夜**

金環日食

kinkannisshoku

太陽が月に覆われる現象を日食といい、月の視直径が太陽より小さいことで、月の外側に太陽がはみ出して細い光輪状に見える現象。金環食ともいう。

月虹《gekko》

夜、月の光によってできる虹。太陽にできる虹に比べ、光が弱いことから色彩が淡く、肉眼では白っぽく見える。そのことから白虹とも呼ばれる。見える原理は昼間の虹と同じ。

月光

gekko

月の光のこと。月明かり、月下《げっか》、月華《げっか》、月影《つきかげ》ともいう。太陽の光を反射することで輝く。

光彩陸離

kosairikuri

光が入り乱れて、美しく輝く様子。

幻日

genjitsu

太陽と同高度の離れた位置に太陽に似た光が見える現象。氷晶からなる薄い雲が太陽光を反射、屈折することで起こる。また、月に対して起こる同じような現象を**幻月**という。

光輪

korin

後方からの光が、前方の雲や霧で散乱され、観測者の影の周囲に虹色の光の輪ができる現象。色は外側が赤、内側が紫になっている。**御来迎**《ごらいごう》、**ブロッケン現象**、**ブロッケンの妖怪**ともいう。

光芒

kobo

雲の切れ間や端から太陽の光が漏れ、尾を引いたように見える光の筋のこと。太陽が雲より上にあれば地上へ降り注ぎ、下にあれば上空へ向かって、重なると放射状に見える。薄明光線、天使の梯子ともいう。

木漏れ日
木洩れ日

komorebi

木々の枝葉の隙間などから差し込む日光のこと。

細氷《saihyo》

大気中の水蒸気が、ごく小さな氷の結晶となって降ること。太陽の光で輝いて見えることから、**ダイヤモンドダスト**とも呼ばれる。小さな氷の結晶が浮遊する氷霧はまた別の現象。

山頂光《sanchoko》

日出直前や日没直後に、高山の山頂が紅色や黄金色に美しく輝く現象をさす。**アルペングロー**ともいう。

東雲

shinonome

太陽はまだ出ていないが、東の空が明るくなる頃のこと。曙ともいう。古くは夜明け前に空が茜色に染まる頃をさした。

蜃気楼

shinkiro

大気の密度差が原因で光が異常屈折し、地上や水上の物体が浮き上がって見える、逆さま見える、遠くの物体が近くに見えるなどする現象。海上や砂漠などで起こる。

彩雲

saiun

太陽の近くを通る雲が、緑や赤などに美しく彩られる現象。雲の水滴で日光が回折することによって生じる。巻積雲、高積雲、積雲に見られることが多い。瑞雲、慶雲、景雲、紫雲ともいう。

主虹

shuko/shuniji

同心円状に虹が二重に見える際の、内側に濃くくっきりと見える虹のこと。色の並びは外側が赤、内側が紫。一次の虹とも呼ばれる。

⇔副虹

厚い雲が光を遮るけれど、
強い光はそれを突き通す。
強い気持ちを持ち続ければ
遮るものさえ
貫き通すこともできる。

白虹

shironiji/hakko

霧など極めて小さい水滴によって構成された白く見える虹のこと。虹は水滴が大きいほど幅が狭く色が濃くなり、小さいほど幅が広く色が薄くなる。霧のように極小の場合は、光の色が分散されずに白くなる。霧虹ともいう。

黄昏時

tasogaredoki

夕方の薄暗い時間帯のこと。その暗さから、「誰彼《たそ》は」と尋ねなければわからない頃合いということから呼ばれる。

月暈

tsukigasa/getsuun

暈のうち、月の周りに現れるものをさす。

薄明

hakumei

日の出直前、日の入り直後の薄明るい空のこと。地平線の下にある太陽の光が、大気中の塵により、散乱されることで起こる。

反射虹

hanshaniji/hanshako

水面などに反射した光が太陽光と同様に大気中の水滴を通ることによってできる虹。通常の虹とは円弧の中心が異なるため、一緒に出ている場合は、同心円状ではなく、ずれて見える。

虹《niji》

雨上がりなどに太陽の反対側に見られる7色の円弧上の光。大気中の水滴により、太陽の光が屈折、反射し、光が分解されることで複数色の帯に見える。色は外側から赤、橙、黄、緑、青、藍、紫。

日暈

higasa

暈のうち、太陽の周りに現れるものをさす。
にちうん。

日の入り

hinoiri

夕方、太陽が西の空に沈むこと。また、その時刻。天文学では太陽の上縁が地平線に沈みきった瞬間をさす。**日没**ともいう。⇕日の出

日の出

hinode

朝、太陽が東の空に昇ること。また、そのとき。天文学では太陽の上縁が地平線から出た瞬間をさす。⇕日の入り

白夜

byakuya/hakuya

極地付近で見られる、一日中太陽が沈まない現象。また、太陽は沈むが真っ暗にならず薄明のまま朝になること。北極付近では夏至前後、南極付近では冬至前後（現地における夏）に見られる。極点に近いほど長く続く。⇔極夜

副虹

fukuko/fukuniji

同心円状に虹が二重に見える際の、外側にうっすらと見える虹のこと。色の並びは外側が紫、内側が赤。二次の虹とも呼ばれる。⇔主虹

ブルーアワー

buruawa

日の出前と日の入り後に見られる空が濃い青色に染まるほんの短い時間帯のこと。日中の青空とは異なり、独特の雰囲気を醸し出す。しばしば日の出前に限定されることもある。

マジックアワー

majikkuawa

日の入り後に数十分見られる薄明の時間帯のことを意味する撮影用語。太陽が沈んでいることで自然環境において限りなく影のない状態になる。色相が柔らかく、金色に輝いて見えることからゴールデンアワーとも呼ばれる。

今日は明日という未来に続いている。

今日の自分が明日の自分を作るんだ。

夕焼け

yuyake

日の入りのとき、西の空が赤く見える現象。太陽が地平線付近にあると大気を通過する太陽光の距離が、日中に比べ長くなるため、波長の短い紫、青色光は拡散してなくなり、波長の長い橙、赤色光が残ることから起こる。

宵《yoi》

日が暮れて間もない頃のこと。古くは夜を、宵、夜中（夜半）、暁の3区分し、宵は日没から最初の段階で夜中までのことをさした。

夕映え

yubae

夕日を受けて光り輝くこと。また、夕焼けのこと。夕方の薄明時、かえって物の色がくっきりと浮かび上がり、美しく映えること。

夜明け

yoake

夜が明けること。また、そのとき。**明け方。**

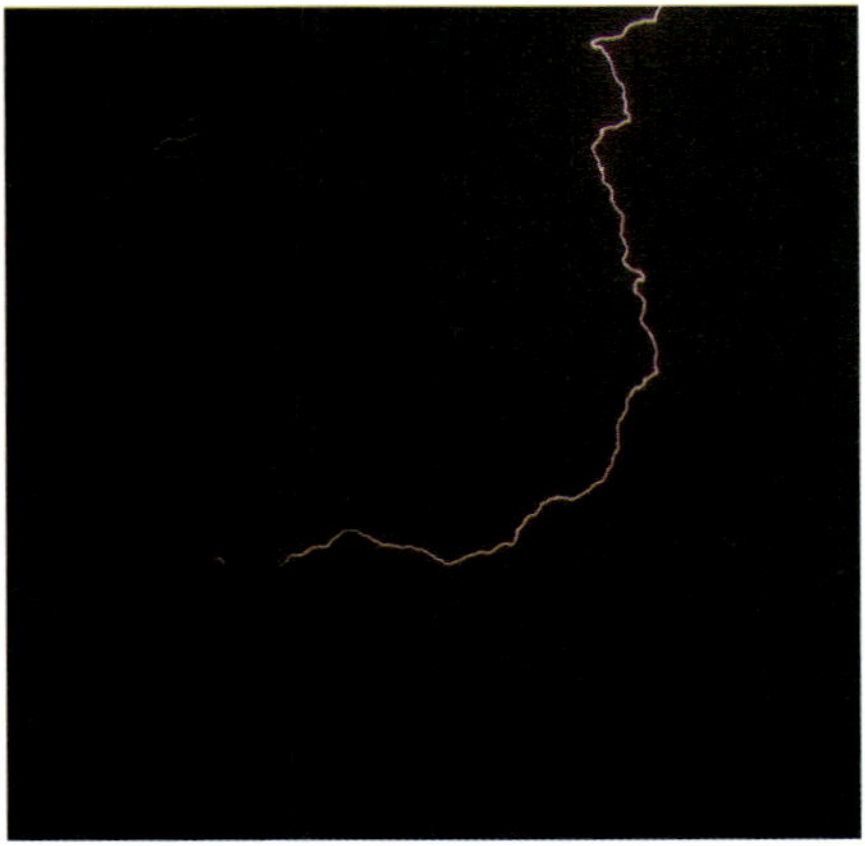

雷光《raiko》

雷による発光現象。また、それが雲に反映されたもの。稲妻、稲光ともいう。

黎明

reimei

明け方、夜明けのこと。

写

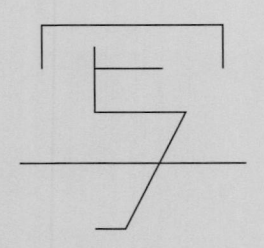

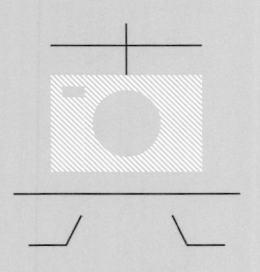

Photographs of the sky

真

Photograph

Color

青空がそこにある。
ただそれだけで、
うれしくなるときがある。

夕暮れは今日に別れを告げる太陽からの挨拶。
赤い夕日を見上げるすべての人に「良い明日」がきますように。

「イエローは生命の色」
あるフランスの有名な画家がそういった。
彼の暮らした街を訪れ、
美しい黄色い夕暮れと
大きなひまわり畑を目の前にした。
彼の言葉の意味が
ほんの少し理解できた気がする。

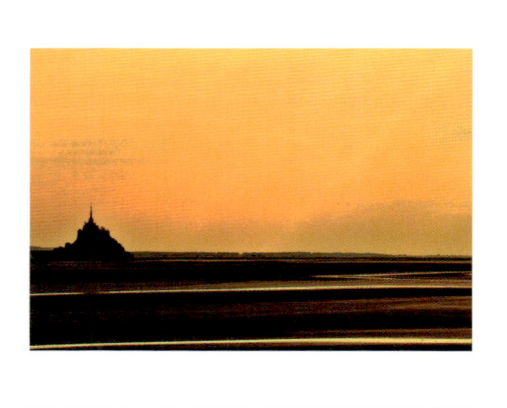

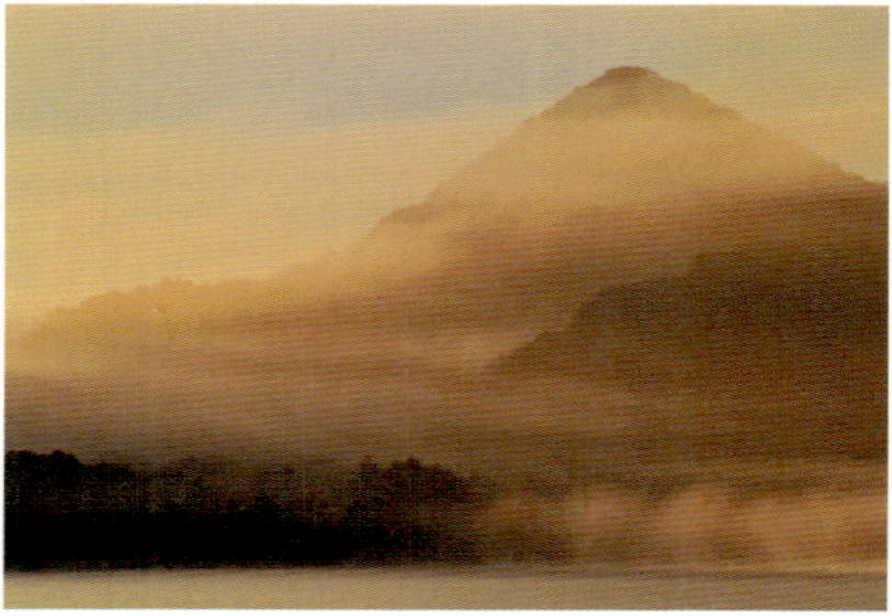

明から暗へ、暗から明へ。
めまぐるしく空が変化していく中、
ほんの短い時間に現れる貴重な色。
移ろいやすいパープル色は一秒ごとに姿を変えていく。

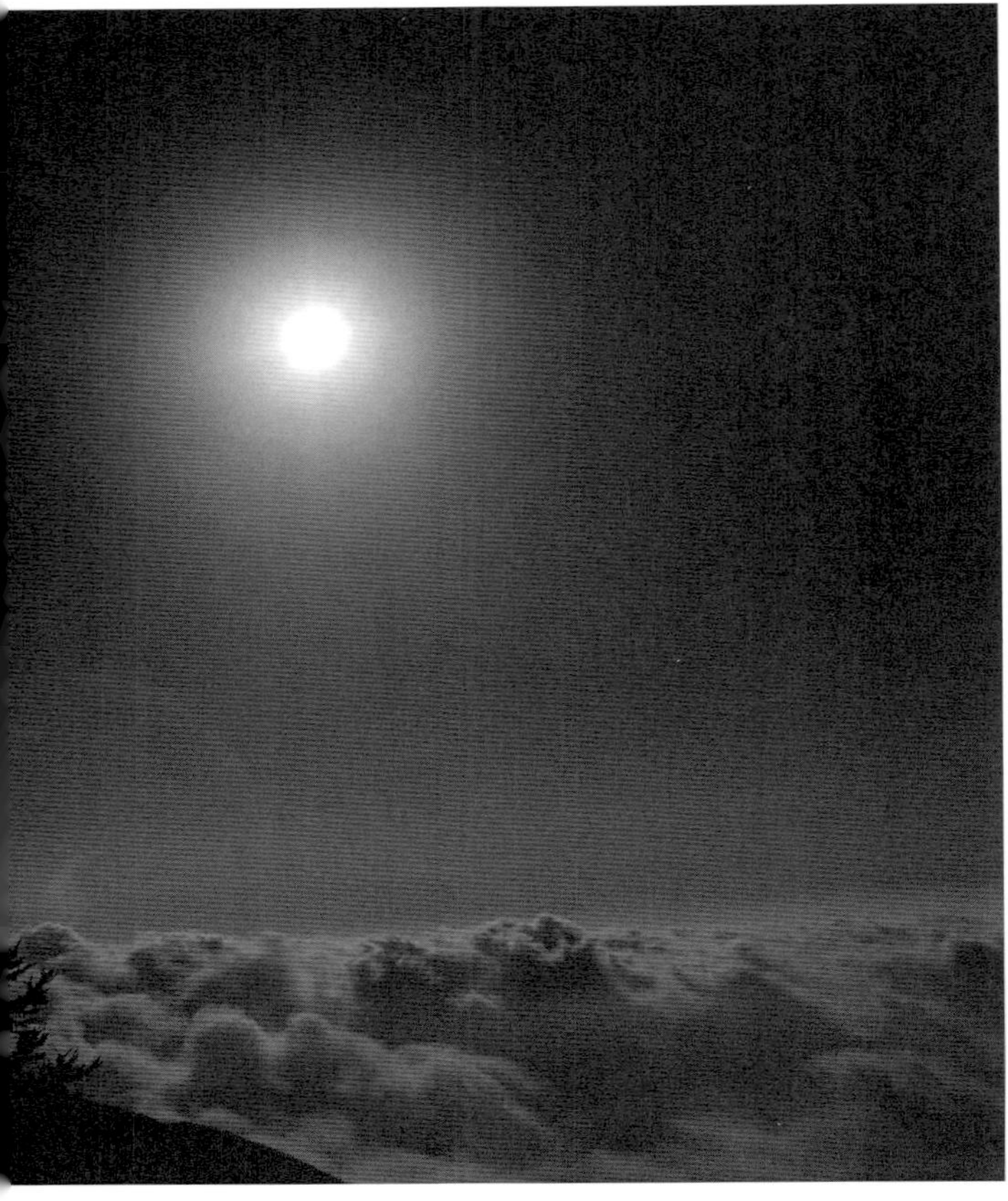

月光に照らされた蠢く雲海。
その姿はまるで巨大生物のように、体をよじりどこまでも続いている。
地球という生命体の一部、地球の生きている証を見た気がする。

Index

あ

あいの風（あいのかぜ） 82
青嵐（あおあらし） 83
青北（あおぎた） 90
青田風（あおたかぜ） 91
煽風（あおちかぜ） 86
暁（あかつき） 242
赤虹（あかにじ） 243
茜雲（あかねぐも） 8
暴風（あからしまかぜ） 123
秋台風（あきたいふう） 87
秋霧（あきぎり） 212
秋雨（あきさめ） 130
秋驟雨（あきしゅうう） 146
秋の長雨（あきのながあめ） 130・157
悪風（あくふう） 84
明け方（あけがた） 242・280
曙（あけぼの） 244・261
朝嵐（あさあらし） 94
朝霧（あさぎり） 210・217
朝東風（あさごち） 84
朝凪（あさなぎ） 85
朝焼け（あさやけ） 244
あばら雲（あばらぐも） 9・29・40・57・75
暴れ梅雨（あばれづゆ） 150
油風（あぶらかぜ） 85
アブラハムの樹（あぶらはむのき） 10
油まじ（あぶらまじ） 85
油まぜ（あぶらまぜ） 85
雨脚／雨足（あまあし） 131
雨風（あまかぜ） 92
雨雲（あまぐも） 11・15・72・73
天つ風（あまつかぜ） 92
東風（あゆ） 107
あゆの風（あゆのかぜ） 82
嵐（あらし） 95
荒梅雨（あらづゆ） 150
アルペングロー（あるぺんぐろー） 260
泡雪／沫雪（あわゆき） 162
淡雪（あわゆき） 163
アーチ雲（あーちぐも） 12・75

い

凍雲（いてぐも） 13
いなさ 93
稲妻（いなずま） 245・282
稲光（いなびかり） 245・282
移流霧（いりゅうぎり） 211
鰯雲（いわしぐも） 14・19・30・37
淫雨（いんう） 132・157
陰雲（いんうん） 15

う

浮雲（うきぐも） 16
薄霧（うすぎり） 212
薄雲（うすぐも） 17・31
薄雪（うすゆき） 168
雨滴（うてき） 134
畝雲（うねぐも） 18・28・48
卯の花腐し（うのはなくたし） 132
海風（うみかぜ） 100・127
海霧（うみぎり） 214
浦風（うらかぜ） 97
鱗雲（うろこぐも） 14・19・30・37
上風（うわかぜ） 93
雲海（うんかい） 20
雲形（うんけい） 16

え

沿岸霧（えんがんぎり） 215
煙霧（えんむ） 213・231
煙嵐（えんらん） 213

お
大雪（おおゆき） 172・183
沖つ風（おきつかぜ） 96
弟待つ雪（おとうとまつゆき） 188
尾引き雲（おひきぐも） 21
おぼせ 96
朧雲（おぼろぐも） 22・36
颪（おろし） 102
オーロラ（おーろら） 246

か
皆既食（かいきしょく） 248
皆既日食（かいきにっしょく） 248
海風（かいふう） 100・127
凱風（がいふう） 101
海軟風（かいなんぷう） 100
海霧（かいむ） 214
帰り梅雨（かえりづゆ） 150
鉤状雲（かぎじょううん） 38・70
陽炎（かげろう） 248
暈（かさ） 247
傘雲／笠雲（かさぐも） 23・53・76
風花（かざはな／かざばな） 168
過剰虹（かじょうにじ） 252
霞（かすみ） 216
風光る（かぜひかる） 104
片時雨（かたしぐれ） 142
固雪（かたゆき） 164
滑昇霧（かっしょうぎり） 218・230
かなとこ雲（かなとこぐも） 24・52
雷（かみなり） 249
雷雲（かみなりぐも） 25・44・56
空風／乾風（からかぜ） 102
川霧／河霧（かわぎり） 219・226
甘雨（かんう） 133
寒九の雨（かんくのあめ） 133
環水平アーク（かんすいへいあーく） 251
干渉虹（かんしょうにじ） 252
冠雪（かんせつ） 169
環天頂アーク（かんてんちょうあーく） 250
環天頂弧（かんてんちょうこ） 250
乾霧（かんむ） 216・223

き
樹雨（きさめ） 136
気象庁風力階級（きしょうちょうふうりょくかいきゅう） 103
狐の嫁入り（きつねのよめいり） 145
基本形（きほんけい） 16
逆転霧（ぎゃくてんぎり） 217
狂雲（きょううん） 39
慶雲（きょううん） 262
強風（きょうふう） 105
暁霧（ぎょうむ） 217
玉雪（ぎょくせつ） 165
極夜（きょくや） 252・273
極光（きょっこう） 246
霧（きり） 236
霧雲（きりぐも） 26・45
霧雨（きりさめ） 134・136
霧状雲（きりじょううん） 38
霧虹（きりにじ） 266
金環食（きんかんしょく） 253
金環日食（きんかんにっしょく） 253
銀世界（ぎんせかい） 166
銀雪（ぎんせつ） 167

く
薬降る（くすりふる） 137
颶風（ぐふう） 103
雲の波（くものなみ） 27
くもり雲（くもりぐも） 18・28・48
薫風（くんぷう） 106

け

慶雲（けいうん） 262
景雲（けいうん） 262
軽風（けいふう） 108
月暈（げつうん） 268
月下（げっか） 255
月華（げっか） 255
月虹（げっこう） 254
月光（げっこう） 255
巻雲／絹雲（けんうん） 9・29・40・57
幻月（げんげつ） 257
幻日（げんじつ） 257
巻積雲（けんせきうん） 14・19・30・37
巻層雲（けんそううん） 17・31

こ

豪雨（ごうう） 135
光冠（こうかん） 247
光彩陸離（こうさいりくり） 256
降水雲（こうすいうん） 32
高積雲（こうせきうん） 33・65・69
高層雲（こうそううん） 22・36
光芒（こうぼう） 258
光輪（こうりん） 257
氷霧（こおりぎり） 224
木枯らし（こがらし） 106
小米雪（こごめゆき） 169
小霜粗目雪（こしもざらめゆき） 176
東風（こち） 107
粉雪（こなゆき） 170
小糠雨（こぬかあめ） 137
木の芽雨（このめあめ） 138
木漏れ日／木洩れ日（こもれび） 259
小雪（こゆき） 172・183
御来迎（ごらいごう） 257
混合霧（こんごうぎり） 224
ゴールデンアワー（ごーるでんあわー） 275

さ

彩雲（さいうん） 262
催花雨（さいかう） 138
細氷（さいひょう） 260
洒涙雨／催涙雨（さいるいう） 140
逆さ虹（さかさにじ） 250
狭霧（さぎり） 222
細雪（ささめゆき） 171
山茶花梅雨（さざんかづゆ） 141
五月雲（さつきぐも） 39
鯖雲（さばぐも） 14・19・30・37
五月雨（さみだれ） 139
粗目雪（ざらめゆき） 172
山靄（さんあい） 213
酸性霧（さんせいむ） 225
残雪（ざんせつ） 173
山頂光（さんちょうこう） 260

し

地雨（じあめ） 141・146・150
慈雨（じう） 144
紫雲（しうん） 262
地霧（じぎり） 225
時雨（しぐれ） 142
至軽風（しけいふう） 109
垂り雪（しずりゆき） 173
疾強風（しっきょうふう） 107
疾風（しっぷう） 112
湿霧（しつむ） 216・223
篠突く雨（しのつくあめ） 143
東雲（しののめ） 261
地吹雪（じふぶき） 174
風巻（しまき） 110
締り雪（しまりゆき） 176

ち
ちぎれ雲（ちぎれぐも） 54・66
乳房雲（ちぶさぐも） 50
着氷性の霧（ちゃくひょうせいのきり） 233
蝶々雲（ちょうちょうぐも） 55

つ
月明かり（つきあかり） 255
月影（つきかげ） 255
月暈（つきがさ） 268
辻風（つじかぜ） 118
筒雪（つつゆき） 184
旋毛風（つむじかぜ） 118
梅雨（つゆ） 150
梅雨明け（つゆあけ） 152
梅雨入り（つゆいり） 152
吊し雲（つるしぐも） 53・76

て
天気雨（てんきあめ） 145
天泣（てんきゅう） 145
天使の梯子（てんしのはしご） 258
天頂環（てんちょうかん） 250
天頂弧（てんちょうこ） 250

と
凍雨（とうう） 148
凍雲（とううん） 13
塔状雲（とうじょううん） 55
東風（とうふう） 107
通り雨（とおりあめ） 148
どか雪（どかゆき） 186
都市霧（としぎり） 231
友待つ雪（ともまつゆき） 188
虎が雨（とらがあめ） 149
虎が涙雨（とらがなみだあめ） 149

な
長雨（ながあめ） 132・157
名残り雪（なごりゆき） 188・206
菜種梅雨（なたねづゆ） 149
雪崩（なだれ） 189
夏霧（なつぎり） 234
並雲（なみぐも） 58・66
南風（なんぷう） 119
軟風（なんぷう） 120

に
虹（にじ） 270
二重雲（にじゅううん） 58
日没（にちぼつ） 272
入道雲（にゅうどうぐも） 44・56
入梅（にゅうばい） 152
乳房雲（にゅうぼうぐも） 50
にわか雨（にわかあめ） 141・151
にわか雪（にわかゆき） 187

ぬ
糠雨（ぬかあめ） 137
濡れ雪（ぬれゆき） 190・196

ね
根雪（ねゆき） 189

の
濃密雲（のうみつうん） 59
濃霧（のうむ） 235

は
梅雨（ばいう） 150
灰雪（はいゆき） 192
パウダースノー（ぱうだーすのー） 170
南風（はえ） 119
麦雨（ばくう） 152
白雪（はくせつ） 175
薄明（はくめい） 269
薄明光線（はくめいこうせん） 258
波状雲（はじょううん） 61
走り梅雨（はしりづゆ） 150
斑雪（はだれゆき） 191
蜂の巣状雲（はちのすじょううん） 59
初冠雪（はつかんせつ） 192
白虹（はっこう） 254・266
初雪（はつゆき） 177・193
花の雨（はなのあめ） 154

花弁雪（はなびらゆき） 193
羽根雲（はねぐも） 9・29・40・57・75
浜風（はまかぜ） 97
疾風（はやて） 112
春嵐（はるあらし） 121・122
春荒れ（はるあれ） 121
はるいち 119
春一番（はるいちばん） 119
春雨（はるさめ） 155
春驟雨（はるしゅうう） 146
春の淡雪（はるのあわゆき） 181
春の長雨（はるのながあめ） 157
春疾風（はるはやて） 122
半夏雨（はんげあめ） 153
反射虹（はんしゃにじ／はんしゃこう） 269
半透明雲（はんとうめいうん） 60・63

ひ

日暈（ひがさ） 271
東風（ひがしかぜ） 107
日方（ひかた） 122
飛行機雲（ひこうきぐも） 64
氷雨（ひさめ） 153
肘笠雨（ひじかさあめ） 156
羊雲（ひつじぐも） 33・65・69
日の入り（ひのいり） 272
日の出（ひので） 272
白夜（びゃくや） 252・273
氷露（ひょうむ） 224
尾流雲（びりゅううん） 32・62

ふ

副虹（ふくこう／ふくにじ） 263・273
副変種（ふくへんしゅ） 16
房状雲（ふさじょううん） 67
衾雪（ふすまゆき） 194
不透明雲（ふとうめいうん） 60・63
吹雪（ふぶき） 195
ブルーアワー（ぶるーあわー） 274
ブロッケン現象（ぶろっけんげんしょう） 257
ブロッケンの妖怪（ぶろっけんのようかい） 257

へ

べた雪（べたゆき） 190・196
変種（へんしゅ） 16
扁平雲（へんぺいうん） 58・66
片乱雲（へんらんうん） 66
ベール雲（べーるくも） 42・62

ほ

放射霧（ほうしゃぎり） 232・233
放射状雲（ほうしゃじょううん） 10・68
放射冷却（ほうしゃれいきゃく） 233
房状雲（ぼうじょううん） 67
暴風（ぼうふう） 123
ぼた雪（ぼたゆき） 196
牡丹雪（ぼたんゆき） 196
外待雨（ほまちあめ） 156
盆地霧（ぼんちぎり） 236

ま

真風（まじ／まぜ） 123
マジックアワー（まじっくあわー） 275
まだら雲（まだらぐも） 33・65・69
松の雪（まつのゆき） 197
真艫（まとも） 124
万年雪（まんねんゆき） 197

み

水まさ雲（みずまさぐも） 67
水雪（みずゆき） 198
みぞれ 198
南風（みなみかぜ） 119

む

迎え梅雨（むかえづゆ） 150
無毛雲（むもううん） 70
むら雲（むらぐも） 33・65・69

村時雨（むらしぐれ） 157

め

迷霧（めいむ） 238

も

毛状雲（もうじょううん） 38・70
餅雪（もちゆき） 198
もつれ雲（もつれぐも） 71
戻り梅雨（もどりづゆ） 150
靄（もや） 236

や

夜光雲（やこううん） 71
山霧（やまぎり） 239
やまじ風（やまじかぜ） 124

ゆ

夕霧（ゆうぎり） 237
雄大雲（ゆうだいうん） 58・66・74
夕立（ゆうだち） 151
夕凪（ゆうなぎ） 126
夕映え（ゆうばえ） 280
雄風（ゆうふう） 126
夕焼け（ゆうやけ） 278
雪明かり（ゆきあかり） 200
雪雲（ゆきぐも） 72・73
雪化粧（ゆきげしょう） 200
雪時雨（ゆきしぐれ） 199
雪汁（ゆきしる／ゆきじる） 202
雪代（ゆきしろ） 201
雪の果て（ゆきのはて） 188・206
雪の花（ゆきのはな） 180
雪の別れ（ゆきのわかれ） 188・206
雪紐（ゆきひも） 201
雪持ち（ゆきもち） 203

よ

夜明け（よあけ） 242・280
宵（よい） 279
夜霧（よぎり） 237
横時雨（よこしぐれ） 142

ら

雷雲（らいうん） 25・44・56
雷光（らいこう） 245・282
嵐気（らんき） 213
乱層雲（らんそううん） 11・72・73

り

陸風（りくかぜ） 100・127
陸軟風（りくなんふう） 127
緑雨（りょくう） 158
霖雨（りんう） 132・157

る

類（るい） 16
涙雨（るいう） 159

れ

黎明（れいめい） 283
烈風（れっぷう） 127
レンズ雲（れんずぐも） 76

ろ

漏斗雲（ろうとうん／ろうとぐも） 74
六花（ろっか） 180
肋骨雲（ろっこつぐも・ろっこつうん） 75
ロール雲（ろーるぐも） 12・75

わ

忘れ雪（わすれゆき） 188・206
私雨（わたくしあめ） 159
綿雲（わたぐも） 41・77
綿帽子（わたぼうし） 207
綿雪（わたゆき） 196・198・207
和風（わふう） 125

Photo Credit

- Aoji Harumori
  10·27·33·68·147
- Daisaku Hayashi
  21·29·255
- Eiji Hoshina
  253·279
- Eiki Nagasawa
  69
- Fumika Mizunuma
  296下
- Hideki Konishi
  26·28·31·40·45·48·60·65·100·290右下·左上·左中·291右下·左下
- Hideo Suzuki
  296上
- jam(PIXTA)
  50
- Kaori Takasu
  37
- Kazuyoshi Takahashi
  101·104·301
- Kiku
  15·73·112·15
- Kinichi Kato
  9·23·271
- Koji Abe
  12·19·32·41·44·49·52·56·77·82·146·266·270·283·286
- Koji Muto
  116
- Koji Nakanishi
  18·57·109
- Mayumi Yokoyama
  125
- Masahiro Shinnishi
  14
- Mt223(PIXTA)
  53
- Nori(PIXTA)
  24
- Rie Yoshikawa
  17·64
- Ryota Suzuki
  303·305
- Shunji Ishi
  309
- Tadashi Kasai
  20
- Tomomi Nakazato
  91·120·247
- Toshiya Ogawa
  2·3·8·13·25·34·35·46·47·63·72·78·79·83·86·87·90·94·95·97·98·99·105·111·113·117·134·135·139·140·142·143·154·155·162·164·166·167·170·171·174·175·178·179·180·182·194·195·204·205·210·211·214·215·218·219·220·221·222·223·226·227·228·229·242·243·246·249·251·254·256·259·264·265·267·268·274·275·276·277·281·287·289·290右中·左下·291右中·左中·292·293·297下·298·299·300·306·307·309下
- Yasuyuki Suzuki
  36·245·258·263·291左上·304
- Yoko Imai
  76
- Yoshihiro Hayakawa
  108·289
- Yugo Hosono
  278·290右上·294·295·302
- Yuji Furukawa
  22·308
- 写真素材足成
  61·88·89·130·150·158·163·165·183·185·186·187·190·191·199·202·203·206·215·230·231·234·235·238·239
- フリー写真素材
  Futta.NET
  11·30·121·262·282
- やみす(PIXTA)
  250

Afterword

「今しか見ることのできない美しい空の姿を記録しておきたい」
そんな思いから僕は空の写真を撮り始めた。
なぜ、そんなことを思ったのか……。
数年前、大きな怪我をし、社会復帰すら危うい状態で、
長い入院生活を強いられた。
肉体的にも精神的にも苦しみに耐える日々に限界を感じ、
どうにもならない気持ちになったとき、
ふと見上げた空が真っ赤に焼けていた。
「わぁ、綺麗だ」。
その小さな感動は、重く沈んだ僕の気持ちを
一瞬にして変化させてくれた。
それはまるで、空から慰めと励ましを同時にもらったようだった。
そのときに思ったことがある。
「空はいつもそこにあるけれど、
見上げなければそこにあることも忘れてしまう。
人生には上手くいかないときがあって、
気づけば下ばかりを向いていることがある。

でも、それじゃ空が見せてくれる美しい姿を見逃してしまう。
自然は同じものを二度は見せてくれない。
たった一度しか見ることができない。
だから上を向いていよう。空を見上げていよう。
一度きりのチャンスを見逃さないようにしよう」。
そして、僕はたくさんの方々の助けによって社会に戻ってきた。
今、こうして普通に生活を送れているのは、
奇跡としかいいようがない。
そんな僕を救った空は、本書の２９２ページに刻まれている。
『空の辞典』が、みなさんの「わぁ！」のきっかけになることを願って。

最後に、筆の遅い僕に文句ひとついわず
サポートを続けてくれた編集者の谷口香織さん、
素敵なデザインにしてくれたデザイナーの林真さん、
写真を応募してくれたカメラマンに感謝！

小河俊哉 Toshiya Ogawa

空、自然、風景を中心に撮影を続ける一方、クラシックカーの撮影でも定評がある。ライフワークでは、ガラスの林檎に世界中の風景を写し込み撮影した「ガラスの林檎」シリーズや、オリジナリティあふれる切り口で撮影したクラシックカー写真「The Cars」を続けている。写真教室の講師なども行い、カメラ雑誌、業界誌などに執筆、カメラメーカー、レンズメーカーに多数作例を提供している。社会貢献活動として病院や高齢者施設にて写真展を行う。

- HPエンゾの写真館 With Keep On Driving! = http://enzz3121.exblog.jp/
- HP空ばっかりの写真ブログ「大空よ・・・」 = http://oozorayo.exblog.jp/

参考文献 = 広辞苑 第四版（岩波書店）／大辞林 第三版（三省堂）／デジタル大辞泉（小学館）／世界大百科事典（株式会社日立ソリューションズ・ビジネス）／空の名前 高橋健司（角川書店）

空の辞典

2014年4月2日 初版第1刷発行
2022年6月5日 第10刷発行

Printed in Japan
ISBN978-4-8441-3661-3 C0072

著者 = 小河俊哉
デザイン = 林 真（vond°）
執筆（言葉の意味） = 中村 徹
編集 = 谷口香織
発行者 = 安在美佐緒
発行所 = 雷鳥社
〒167-0043
東京都杉並区上荻2-4-12
TEL 03-5303-9766
FAX 03-5303-9567
HP http://www.raichosha.co.jp/
E-mail info@raicho.co.jp
郵便振替 00110-9-97086

印刷・製本 = シナノ印刷株式会社